摺紙
玩數學

芳賀和夫

おりがみで楽しむ幾何図形

日本摺紙大師的幾何學教育

前言

　　進入中年，我才開始對摺紙產生興趣。身為一名生物學者，平常我都是待在研究室，用顯微鏡觀察東西。正當我對微小的生物世界感到厭倦時，我不經意拿起桌上一張印有廣告的便條紙，並且發現它是正方形的。此時，我的腦海隨即浮現孩提時代的摺紙遊戲。然而，當時的我其實想不起來任何一種摺紙方式，我隨手亂摺，卻無意間摺出類似五邊形的形狀。於是，我便以「摺出五邊形」為目標繼續摺下去。

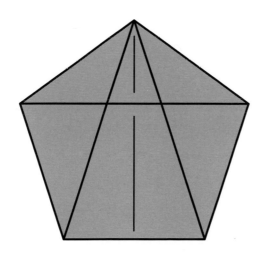

我不斷計算，嘗試做出五邊形，但是在我做出滿意的作品之前，便條紙已經被我用光了。但我總覺得買色紙是一件很丟臉的事，也不太想讓人發現我在研究室把玩色紙這種東西，於是我把空白紙張裁成正方形。若我想要大一點的正方形，就會去裁切空白的B5或A4報告專用紙。如此一來，摺紙就不會太引人注意，即使是搭乘高鐵或在飛機上，甚至是在醫院的等候室，我都能夠享受摺紙的樂趣。

　　於是，從五邊形開始，我的幾何摺紙遊戲繼續朝向其他多角形、多面體發展。此外，不只是摺幾何圖形，我也不斷地從摺線的長度、角度、交叉點位置等，發現許多數理現象，進而產生更濃厚的興趣，其中的一部分也因此冠上我的名字，以「芳賀定理」的名稱而廣為人知。

　　我覺得這種與數理有關的摺紙，好像與一般摺花朵、動物等手工藝有所不同。因此，我便在日文羅馬拼音的摺紙「Origami」後面，加上數學「Mathematics」等科學專有名詞的字尾「ics」，並且於一九九八年開始提倡「Origamics：摺紙數學」。之後，我將這個名稱用於著作、雜誌連載、教師研習課程、教學、一般講座等。此外，我也藉由國際研討會與出版英譯著作、開發中國家教師研習會等，將Origamics（摺紙數學）介紹給全世界。

然而，二○一四年夏天，我在東京舉辦的第六屆摺紙數學與教育國際大會上，遇到加州大學聖地牙哥分校數學團隊的團員，他們告訴我已經有人使用「Mathigami」（結合Mathematics與Origami）代替Origamics，來進行相關的教育活動。雖然日本人可以理解日文的連濁音「-gami」，但是Mathigami卻不是源自於日文的Origami，只是將「ga」當作有重音的術語，而衍伸出「Mathigami」一詞。這可以說是Origami（摺紙數學）一詞成為國際通用名詞的逸事。

　　不過，今後我還是會使用「Origamics（摺紙數學）」一詞，本書也統一採用此名。請各位盡情享受摺紙數學的樂趣。

芳賀和夫

CONTENTS

摺紙玩數學

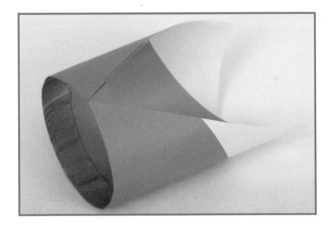

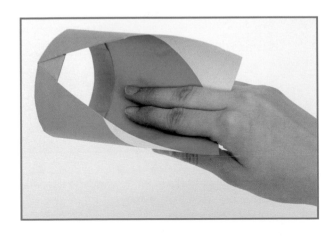

第 1 章

來摺三角板的三角形吧！

◆ 三角板的稱呼方法？

學生的鉛筆盒幾乎都放有一組兩片的三角板吧！（**圖1**）

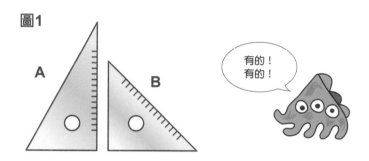

圖1

A

B

有的！
有的！

這兩片三角板該怎麼稱呼呢？「瘦的」與「胖的」？這樣好像不太好吧！還是用「角比較尖的」、「角沒那麼尖的」來形容呢？

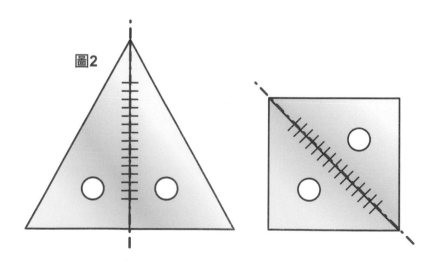

圖2

　　這樣講好像很模糊。雖然「30–60–90°直角三角形」與「等腰直角三角形」才是數學上的正確名稱！但是好像又稍嫌長了一點！在此，我建議將上頁**圖1A**稱為半正三角形、**圖1B**稱為半正方形。因為如上頁**圖2**所示，**A**的形狀就像從正三角形中間畫一條中線，**B**則是對角線把正方形切開的樣子。

◆ 來摺半正三角形的三角板吧！

　　那麼就讓我們利用色紙，摺一個半正三角形的三角板吧！

　　先取一張色紙，將有顏色面朝下，白色面朝上，放在桌面，於色紙上側邊的正中間摺出長度約為邊長四分之一的摺線（**圖3A**）。啊！你一不小心就全部摺下去，而不是只摺出邊長四分之一的摺痕嗎？為了完美呈現作品，接下來請注意，盡量不要在非必要處摺出多餘線條唷！

　　接著，以左下角為支點，確認右下角是否能剛好碰到四分之一長的摺線底端（**圖3B**）。藉由這種摺紙方法，而出現於正面、有顏色的形狀，就是一個三角板（半正三角形）。

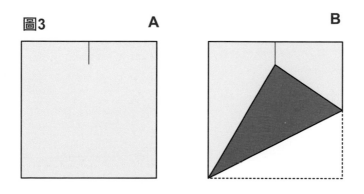

不過，這個形狀還稱不上是作品。接下來才要正式進入作品的製作步驟。

首先，把色紙攤開還原（**圖3C**），將左上角往下摺，貼齊右下方的斜摺線（**圖3D**）。

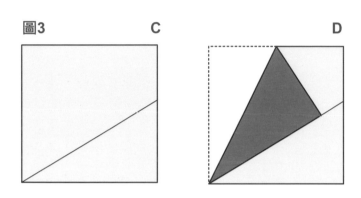

如此會得到左上方的一條新摺線。再次將色紙攤開（**圖3E**），這次把右上角往下摺，同樣貼齊右下方的斜摺線，請摺好摺線並攤開（**圖3F**）。

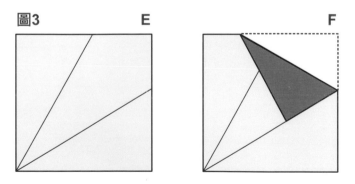

這樣一來，色紙中間會出現一個完整的三角板形狀（圖3G）。接下來只需將此形狀周圍的紙，仔細向內摺出三角板。

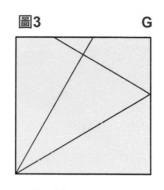

圖3　　　　　　　　G

*見摺線色紙冊P.1

現在，將色紙右下角摺往三角板右下方摺線貼齊（圖3H），接著沿三角板形狀的邊再向內摺（圖3I）。然後，將色紙右上角摺向離右上角最近的三角板邊貼齊（下頁圖3J），再沿著三角板形狀的邊，向內側摺（下頁圖3K）。

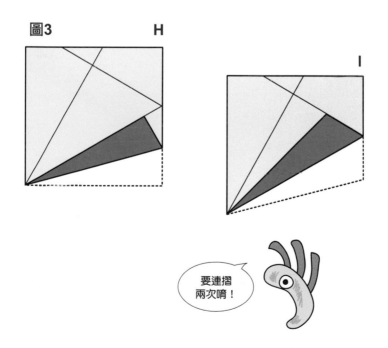

圖3　　　　H

I

要連摺兩次唷！

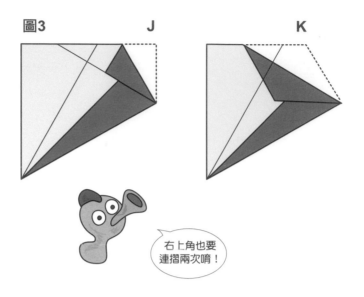

圖3　　　　J　　　　　　　　　　K

右上角也要
連摺兩次唷！

這時色紙已有部分顏色露出，我們再將色紙左上角往下摺，與三角板形狀的邊貼合（圖3L）。最後，將此摺入部位的前端塞到右上角與右下角摺入部分的下面，即可完成半正三角形的三角板作品（圖3M）。

　　三個角的角平分線交會於一點，此點稱為三角形的內心，是三個角平分線的交點。

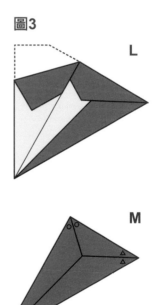

圖3

L

M

◆ 來摺半正方形的三角板吧！

　　這次我們要來摺半正方形的三角板，首先必須掌握兩片三角板的尺寸關係。這個尺寸是由日本工業規格（JIS）所規定的，半正方形三角板最長的一邊與半正三角形三角板第二長的邊相等。因此，在任何情況下，用公分（釐米）等規格測量出來的邊，應該都完全一致（圖4）。

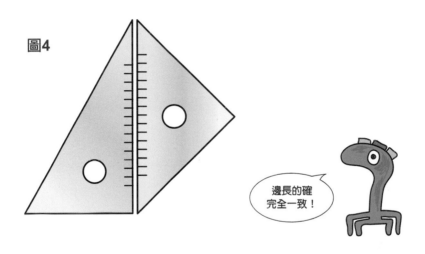

圖4

邊長的確
完全一致！

　　也就是說，現在摺出來的半正三角形，與接下來要摺的半正方形，它們的這兩個邊也必須一樣長，如上圖所示。各位應該會想：「太・困・難・了・吧！」回去看圖3G即可發現，色紙中間的三角形是斜的，邊長看起來難以計算。但是，不需要擔心，請試著把這個摺好的三角板放在色紙上，你會發現原本令你擔心的邊長，竟然與色紙尺寸吻合呢（圖5）！

圖5

啊！
剛剛好呢！

那麼，我們進入半正方形三角板的摺紙步驟吧！

在一張色紙的左側邊中心點（正中間）做一個小記號（圖6A）。為了避免多餘的摺痕，請從色紙下方向上對摺，摺出一條短摺線，製造中心點。接著，色紙下側邊貼齊中心點對摺，請注意左右平均，不要歪斜（圖6B）。

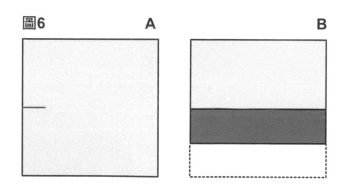

圖6　A　　　　　　B

摺出摺線後攤開，色紙下側四分之一處會出現一條摺線（**圖6C**），再將左上角向下摺向這條四分之一處的摺線（**圖6D**）。

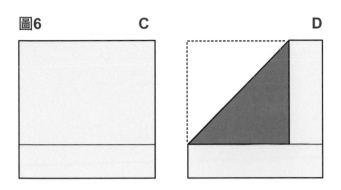

圖6　　　　C　　　　　　　　　D

接著將色紙攤平，將右上角用相同的方式摺向四分之一處摺線（**圖6E**），重新攤平應該就會看見色紙中間的摺線圍出一個半正方形三角板（**圖6F**）。接下來，與半正三角形的摺紙方式相同，只要把此半正方形周圍的色紙朝三角板形狀，向內側摺入、組合起來即可。

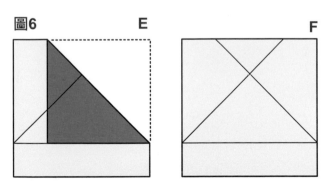

圖6　　　　E　　　　　　　　　F

*見摺線色紙冊P.3

接著，將左下角往上摺，貼齊三角板形狀的邊（**圖6G**），再繼續往上摺一次貼齊三角板摺線（**圖6H**），然後以摺線為軸往內摺（**圖6I**）。並以同樣方式，將右上角往下摺，貼齊三角板的邊，再以三角板的邊為軸往內摺（**圖6J**、**K**）。

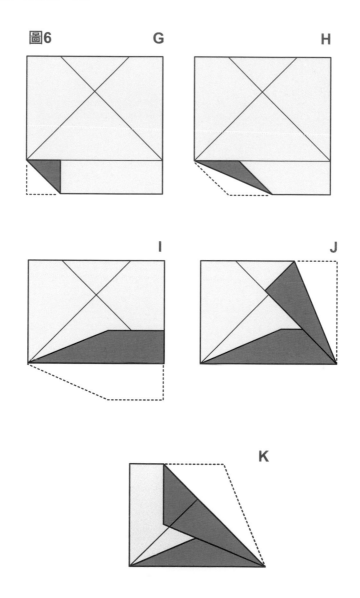

最後，將左上角色紙往下摺，貼齊三角板的邊（**圖6L**），再以三角板的邊為軸向內摺（**圖6M**），並且將摺入部分的前端插入上頁**圖6I**所摺好的部分。

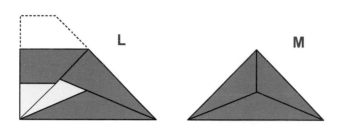

如圖所示，三角板的內心也是三個角的角平分線交點，我把這種包覆式的摺紙方法稱為**信紙摺法**。我們可以在色紙中間寫一些訊息、筆記，轉交給別人說：「給你！一封信！」將色紙摺成信紙的樣子，一組兩片的三角板就算完成囉！

◆ 用三角板玩驚喜比比看

如13頁**圖4**所示，依日本JIS規定，這兩片三角板會有一個邊長彼此完全一致，但是實際上它們還有另一個完全一致的地方。那是哪裡呢？

因為這兩片都是直角三角形，所以直角的角度當然一致囉！但是除此之外，還有第三個一致的地方。請你將這兩個摺好的三角板重疊在一起⋯⋯

我來公布正確答案吧！請將兩個三角板最長的那一邊作為底部，並排在一起。這時會出現兩個形狀不同的山！（**圖7A、B**）

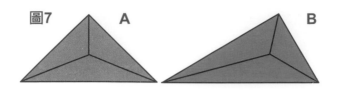

圖7　A　B

接著，確認底部沒有歪斜，把這兩座山重疊……你們看！這兩座山的高度竟然一樣呢！高度一致（**圖7C**）！

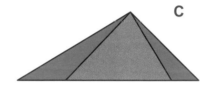

C

如果你有「咦？為什麼呢？」的疑問，就讓我給你一點提示吧！

提示1

　　如本章開頭所敘述的，半正三角形的形狀是「30–60–90°直角三角形」。這個直角三角形最長的邊長，正好是它最短邊長的兩倍（**圖8**）。

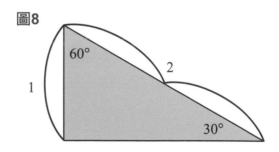

圖8

60°

1

2

30°

也就是說，上頁**圖7A**的山頂延伸至山腳（底邊）的垂直線高度，等於**圖7B**的垂直線高度。這條垂直線可以將三角板切出兩個形狀相同（或相似）的三角形。

提示2

　　拿另一張色紙由下方往上方對摺成兩半，試著比較對摺後的色紙寬度與兩座山的高度（圖9）。

　　你發現什麼了嗎？用色紙摺出來的三角板，具有令人驚喜的玩法呢！我們接著來玩玩不同的圖形吧！

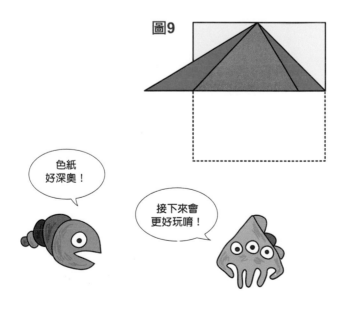

來摺正三角形吧！

◆ 看起來笨笨的標準答案

這是我在日本東京某國中教摺紙數學時發生的事。當時我丟出一個題目給學生：「請利用一張正方形色紙，摺一個正三角形。當然不能用工具，只能徒手做出來。」

正三角形的三個角必須皆為60°。我想這個題目隨便動腦想一想，恐怕就得花上十分鐘吧？結果竟然十秒內就有學生舉手。他的解答如下：

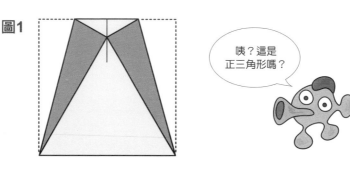

圖1

咦？這是正三角形嗎？

很熟悉色紙的人一定會立刻疑惑地想：「咦？這是什麼？」其實他並不是做出一個「外形為正三角形的作品」，因為題目只是要學生用色紙摺一個正三角形，所以他把正方形色紙的三個邊直接當成三角形的三個邊，讓正方形色紙的三個邊圍出一個正三角形。這種摺法的確是一種正確答案。

雖然，色紙下方的邊長看起來好像比正三角形的另外兩邊還要長，但這只是錯覺。

不過，既然題目是要摺一個圖形，我還是比較想摺出一個外形完整的正三角形作品！我們一起來試試看吧！

◆ 中心封閉的正三角形 · 第一款

如同第1章所摺的三角板三角形，正三角形的中心點（內心）位置如果能與重心貼合，就會成為一個穩定的正三角形作品。依重心定理，從頂點向下至內心（正三角形的內心與重心位置相同）的垂直線，可將圖形分成三等分（**圖2**）。那麼，我們先在色紙下半部的四分之一處，摺一條摺線（**圖3A**）吧。

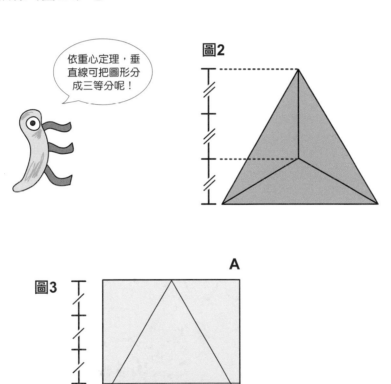

21

不過，如上頁**圖3A**所示，把正三角形放在中央，色紙的左右側就都必須向內摺，比較麻煩。解決方法是把正三角形向右靠齊色紙的右側邊，讓色紙右側不留空隙，我們只需處理左側（**圖3B**）。我們就是要在這個位置摺出60°，如**圖3C**。

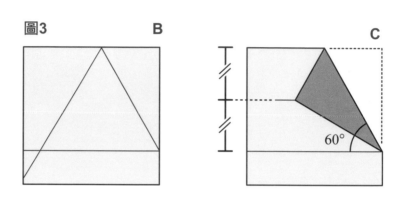

實際摺正三角形作品，三角形右下角會非常平整，我們只需仔細摺疊左下角，因為左下角的色紙重複摺疊多次，會造成應該閉合的部分無法確實閉合。**圖3D**是展開給各位參考的摺線圖，我們將摺疊的順序以數字表示。不過，這個作品還是差強人意，所以我們要繼續製作第二款！

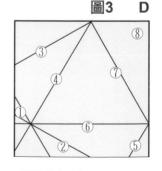

*見摺線色紙冊P.5

◆ 中心封閉的正三角形 · 第二款

　　為了消除第一款三角形底邊左右側差強人意的情形，這次我們不把色紙擺正，而是擺成對角線互相垂直的樣子（**圖4A**）。

　　各位摺紙達人通常都如何稱呼這種擺放方式呢？在指示他人動作時，大概都會說：「像這樣擺……」來表示自己的想法吧？我曾經聽外國人說這個位置叫作「Diamond Position」，中文翻譯就是「鑽石位置」。

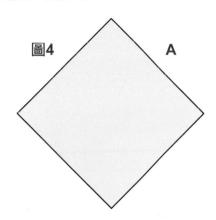

圖4 A

　　那麼，請各位先將色紙擺放成鑽石位置（**圖4A**），並且摺一個縱向的對角線（**圖4B**）。接著先為左下方的邊摺一個中心點，然後再把這個二分之一邊長中分，以便在四分之一處摺出一條短摺線（**圖4C**）。

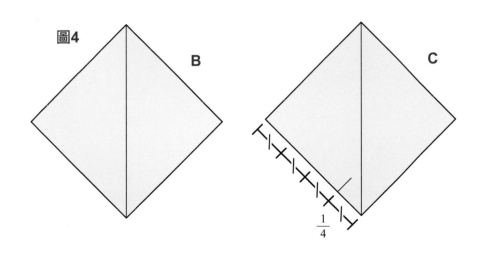

圖4 B

C

$\frac{1}{4}$

接著，將色紙最上方的角（頂點），貼齊左下方邊的四分之一點。這時先不要用力摺色紙，壓出摺痕，只要拉下頂點碰觸四分之一點即可。將頂點疊合在四分之一點時，從此疊合點到對角線的位置可連成一條線，請你在〇記號處用手指稍微用力壓一條短摺線（**圖4D**）。

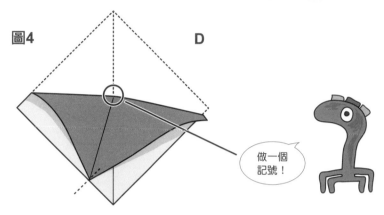

做一個記號！

把色紙攤開、恢復原狀，可以看見對角線上出現一個有點斜的記號！（**圖4E**）這種摺法可以讓這個必要的記號變得很不明顯。摺紙時盡量不要留下非必要的摺痕，這是讓作品完美呈現的小秘訣。

接著，將色紙上方頂點對準這個記號向下摺（**圖4F**）。摺好以後，

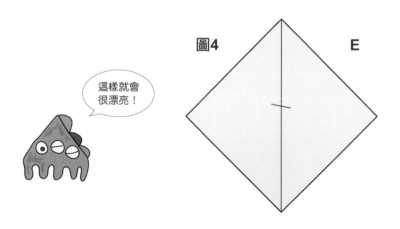

這樣就會很漂亮！

將色紙左側的角向右下摺，貼合至中線（對角線），請注意左側的角（側邊的頂點）要剛好落在對角線上（**圖4G**）。

　　以同樣方式摺右半部（**圖4H**）的時候，也要注意這兩個箭頭指出的

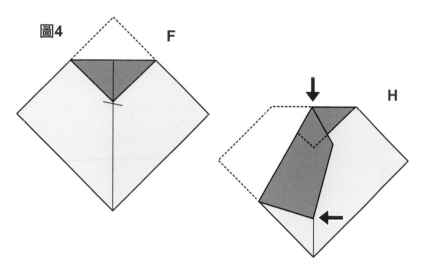

地方（**圖4H**與**G**）。這時想要摺成正三角形，只要把下半部向上摺，即可出現正三角形（**圖4I**）。

　　最後，把色紙重新攤開，如下頁**圖4J**所示，中央就會出現一個正三

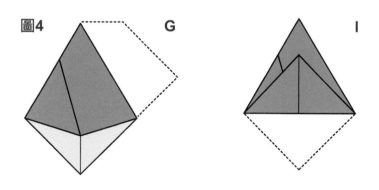

角形，接著只要把周圍的色紙摺入，利用17頁的信紙摺法，正三角形的中心（內心）就會出現了，摺法其實意外地簡單呢！請看下節。

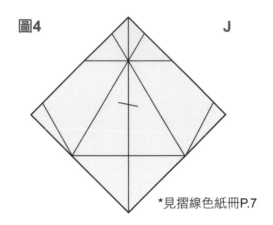

圖4　　　　　　　　　　　　　J

*見摺線色紙冊P.7

◆ 中心封閉的正三角形 · 第二款的摺法

首先，把剛才第二款最先摺出的上方部分往下摺、頂點接觸到正三角形的內心（圖4K），再將色紙左上側往右下摺，貼齊正三角形斜邊（下頁圖4L）。

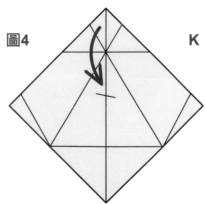

圖4　　　　　　　　　　　　　K

接著，繼續將手上的色紙，沿著正三角形的斜邊向內摺，使色紙邊緣剛好貼齊正三角形的中線（圖4M）。然後，將左下方的色紙向上摺，貼齊紅色虛線（圖4N），再沿著正三角形的底線摺入（圖4O）。

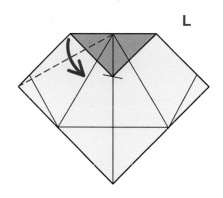

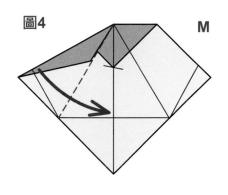

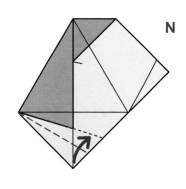

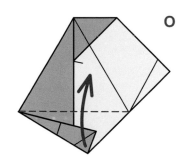

要沿著紅色虛線摺唷！

接著是右邊的部分，先沿著紅色虛線向左摺（**圖4P**），再沿著正三角形的右斜邊摺進來（**圖4Q**），將摺入的部分塞進中線處（27頁**圖4M**的中線），即可完成一個中心封閉的正三角形（**圖4R**）。

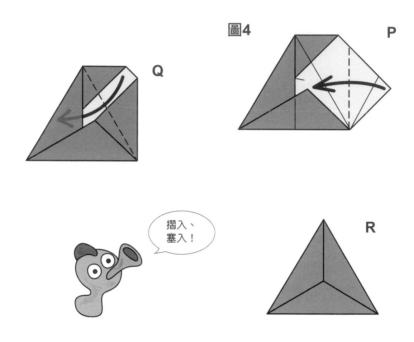

這種組合方法剛好是繞逆時針摺一圈。利用這種方法完成的作品，可以展現更多的附加價值，比方說，我們可以在色紙中間寫一些訊息，將寫了訊息的色紙摺好交給他人：「給你！一封信！」把色紙當作信箋送給別人。

第3章　來摺正六角形吧！

◆ Z型尺

我們於18頁提過，如果想要用色紙摺60°角，只需摺一個最短邊長等於最長邊一半的直角三角形（**下圖**）。此時，必須盡可能地將色紙摺到標示一半長度的摺線。

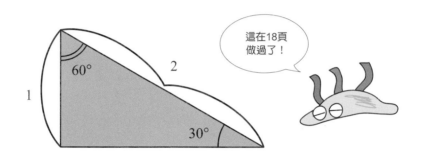

這在18頁做過了！

對摺色紙這件事是很簡單的，但是我們卻極少有機會需要這樣的摺線，而且無論如何我們都不希望作品上有多餘的摺痕。然而，直接「用標準的正方形色紙，一次摺到位」這種摺紙方法，往往會違反這個原則，所以我們發現其實可以先用另一張尺寸相同的色紙做一把尺。有這把尺的協助，我們就不會把色紙弄皺了。

那麼，就讓我們來摺一把尺吧！先將色紙對摺，看起來像一本雙頁筆記本（下頁**圖1A**）。接著，把右頁對摺（**圖1B**），且保持對摺狀態把右頁往右翻（**圖1C**）。最後再對摺左頁（**圖1D**），這把「尺」就完成了。很簡單吧！

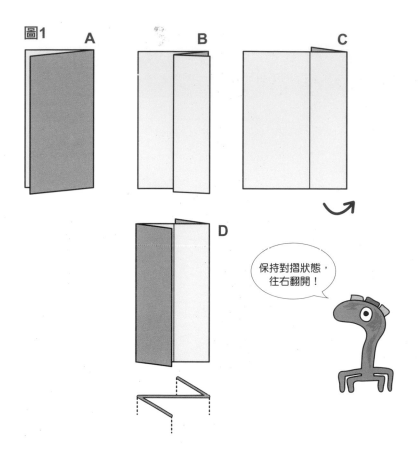

這把尺的內側有摺痕，外側也有摺痕，從上方看下去，很像是英文字母Z，因此稱為**Z型尺**。除了摺60°角，我們還可以利用這把尺輕鬆摺內接最大正八角形、黃金比例、內接最大正五角形等。

◆ 菱形的摺法

我們使用剛剛摺好的Z型尺，試著在色紙上側邊的中心點摺出60°角吧！

　　拿起另一張色紙，由左往右插入Z型尺，確認色紙有插到Z型尺內側最底部，再將Z型尺稍微向上方移動（**圖2A**）；把色紙的左上角沿著Z型尺側邊往右下摺，使色紙左上角碰觸到Z型尺的中央線，呈現出色紙有顏色的那一面（**圖2B**）。

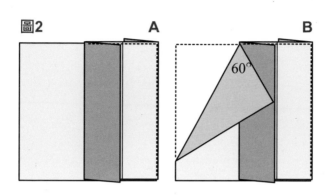

　　如此一來，我們就可以摺出60°角。移開Z型尺，將色紙攤開，即會出現一條構成60°角的摺線，接著請將右上角往下摺，上側邊貼齊此摺線（**圖2C**）。

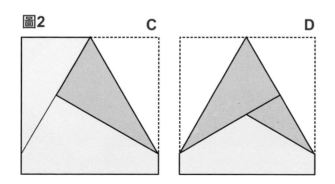

接著，左上角再摺下來，重疊在右上角的上方，確認色紙上側邊的中心點恰巧把色紙分成三個區塊（上頁**圖2D**）！然後展開色紙（**圖2E**），將色紙上下顛倒置放（**圖2F**）。

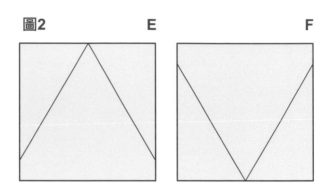

此時再利用Z型尺，重覆同樣的摺紙動作（**圖2A～E**）。如此一來，色紙上下的60°摺線就會構成一個菱形（**圖2G**）。

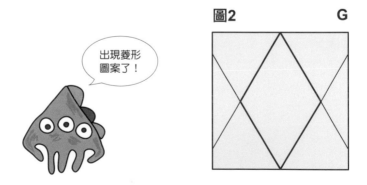

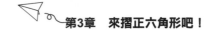

　　接下來，我們利用「信紙摺法」完成這個菱形作品吧！先將左上角摺下，貼齊60°斜摺線（**圖3A**），再沿著60°斜摺線繼續往內摺（**圖3B**）。

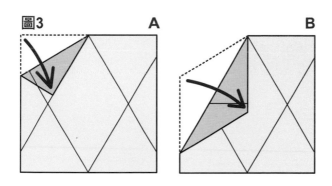

　　接著，將左下角摺入，貼齊60°斜摺線（**圖3C**），然後將右下角摺入，貼齊60°斜摺線（**圖3D**），再沿著60°斜摺線往內摺（下頁**圖3E**）。

　　最後，將右上角摺入，貼齊60°斜摺線，再插入左上、左下與右下角摺入部分構成的口袋，這個作品就完成了（下頁**圖3F**）。

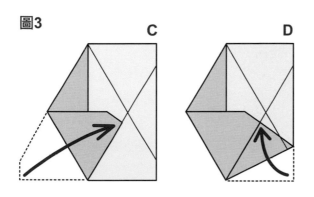

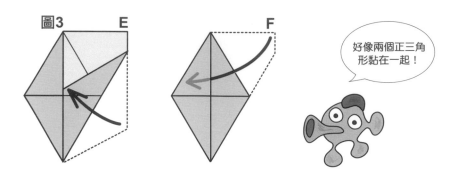

通常我們提到菱形，都會聯想到四邊等長、對角相等且不成直角的四邊形，因此有些菱形看起來細長，有些則看起來粗壯。而我們所摺的菱形剛好是由兩個正三角形構成的。因此，若有一個角為60°，它的對角必為120°，所以製作時必須注意，以角度為摺疊的優先考量。我們可以將此作品稱為正菱形。

◆ 終於進入正六角形

如前所述，利用Z型尺摺出正菱形（**圖2A～G**），我們就能以此為基礎，輕鬆做出**正六角形**。請用另一張色紙重覆上述步驟至32頁的圖2G，並將色紙橫放。由於色紙是正方形，所以縱向、橫向可能會讓人搞不清楚，因此遇到這種情況我都會說：請將**圖2G**旋轉90°，這樣講比較清楚（旋轉成**圖4A**）。

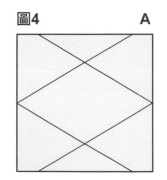

　　此時可見，色紙左側中心點、右側中心點分別伸出兩條60°的斜線，兩線交會於色紙中線。在此，我們摺入色紙左側，對齊中線上的兩個交叉點（**圖4B**），右側也以相同方式摺入（**圖4C**）。如此一來，會出現一扇門的樣子。

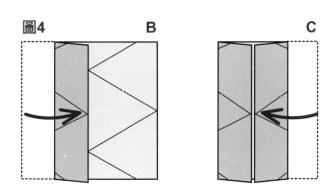

圖4　　　　　　B　　　　　　　　　　　C

　　接著，讓我們把**圖4C**翻轉到背面吧！背面有一個正六角形圖形呢（**圖4D**）！

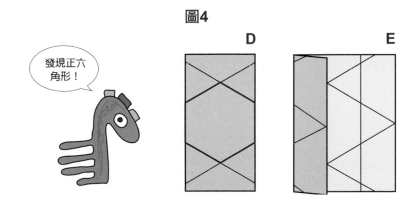

圖4

D　　　　　　　　　　E

發現正六角形！

請翻回正面，打開右側門板（**圖4E**）。色紙內側的左上方有一條斜摺線，沿著斜線將色紙左上角往內摺（**圖4F**），接著把右側門板關起來（**圖4G**）。接著，將色紙上下顛倒（**圖4H**）。

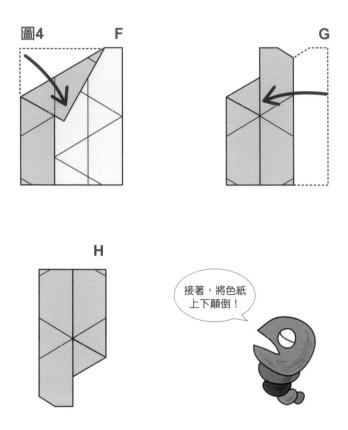

接著，將色紙
上下顛倒！

接下來的摺紙位置與方向，我原來希望大家可以重覆**圖4E～G**的步驟就好，但是此時右側的門板已無法完全打開了。

　　因此，考量到門板的狀態，我將右側門板的上半部掀開，沿著左上方的斜摺線，將左上方的色紙摺入，插入右側門板下方（**圖4I** ①～③），這樣門板即可在關閉的狀態下，完成動作（**圖4I** ④）。

　　摺好之後，色紙上下會呈現一個旋轉對稱的形狀。色紙上可看到一個尚未摺好的正六角形雛形，我們必須把周圍的色紙往內摺入此六角形（下頁**圖4J** ①）。

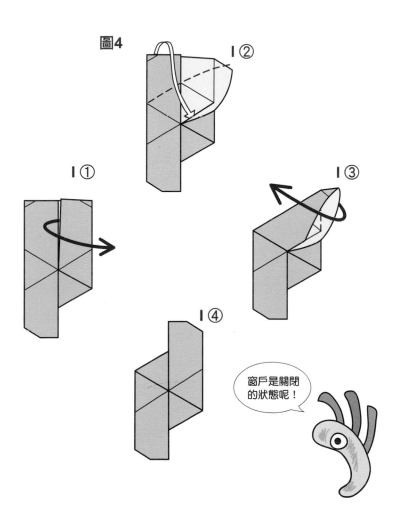

圖4

窗戶是關閉的狀態呢！

此時要注意，不要讓色紙產生多餘的摺痕（圖4J ②）。

將右側門板上半部沿著圖4J ①的紅色虛線往下摺，但是門板的內側邊緣要貼齊六角形中線。此時右側門板會凸起，請你把它壓平，形成一個很像扁舌頭的形狀，將這條扁舌頭插入六角形對角線的間隙（圖4J ③～⑤）。

圖4

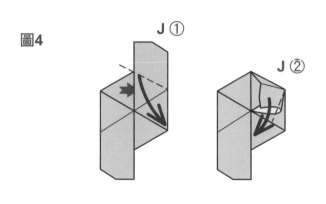

圖4

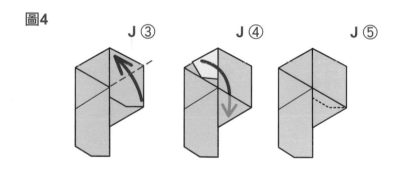

接著，將色紙上下顛倒，重覆上述動作，這個正六角形作品就完成了（下頁圖4K）！

圖4

K

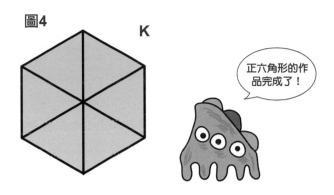

正六角形的作品完成了！

這跟前面的圖形摺法一樣，算是**中心封閉正六角形**的信紙摺法，快送出你的六角信箋吧！

這是一個正反兩面都沒有多餘摺痕的**雙面無暇正六角形**，因為我覺得還滿有趣的，所以就讓大家看看這個正六角形的摺線展開圖吧（圖5）！

圖5

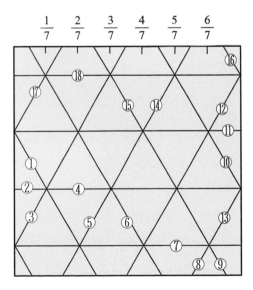

*見摺線色紙冊P.9

第 4 章

來摺正六角星吧！

◆ 星星要這樣摺唷！

　　這次我們來做一個比較複雜、步驟比較多的星星吧！一般來說，提到「星星」我們的腦袋就會浮現可以一筆畫完的☆形吧！當然，之後我們也會介紹☆形的摺法，不過我們要先介紹如何利用前一章做出的正六角形，來做正六點星（**圖1A**為正面，**圖1B**為背面）。當然這兩種星星都只需要用到一張正方形色紙！

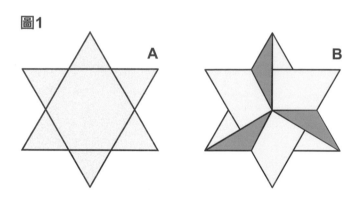

圖1

　　「星星是如何出現的呢？」這問題聽起來好像是個偉大的宇宙學主題，但是我們其實可以用平面圖的對角線連成星星圖形。正六角形的對角線可以連成正六點星，因此正六點星又稱為正六角星（下頁**圖2**），有時候還會稱為正六芒星。所謂的「芒」是指禾本科植物種子的芒刺。

　　此外，我們還可以利用正六角形的對角線做出另一種星星。

　　將正六角形的六個頂點分別往另一個頂點，拉出三條對角線，

圖2

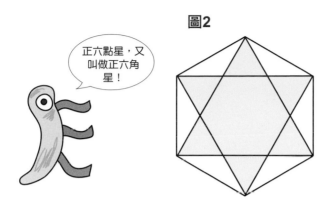

這三條對角線也會形成一種星星（**圖3**），就是「＊」的星形記號（asterisk）。不過，這只是星星的骨架，不適用於摺紙。

圖3

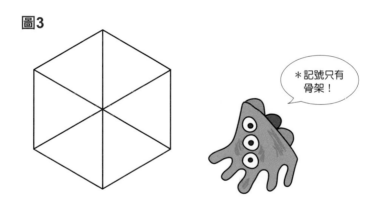

◆ 正六角星來自正三角形

正六角星（正六點星）其實是由正立的正三角形與倒立的正三角形重疊而成（**圖1A**）。要摺出正六角星的形狀，剛開始的步驟與正六角形的信紙摺法相同，要先在色紙上側邊的正中間位置（上側邊中心點）摺一個60°角（下頁**圖4**）。

如同前一章所介紹，這時我們可利用Z型尺來做出漂亮的60°角，而且不會留下多餘摺痕。接著，為60°角的兩條斜線，摺出下方的連結線，即可摺成一個大的正三角形（**圖5**）。假設色紙的邊長是1，這個正三角形就是三邊皆為1的正三角形。

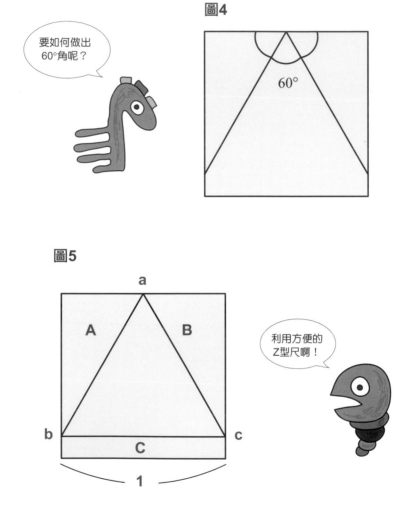

圖4

要如何做出
60°角呢？

60°

圖5

a

A　　　B

利用方便的
Z型尺啊！

b　　　c

C

1

為了後續說明方便，如上頁**圖5**，我們先將正三角形的頂點設為**a**、**b**、**c**，並且將正三角形三邊的外圍部分設為**A**、**B**、**C**(如上頁**圖5**)。

　　這項作業有兩個階段要進行，必須先摺出必要的摺線，再依摺線組合出圖形。為了做出精細且清晰的摺線，我們可以用指甲壓實摺線。

　　先將**A**（**圖6A**）摺進△**abc**內，再將**B**摺進來，（**圖6B**）。將**C**沿著bc線往上摺（**圖6C**），**C**兩端多出來的角，貼齊斜邊再往背面摺（**圖6D**）。

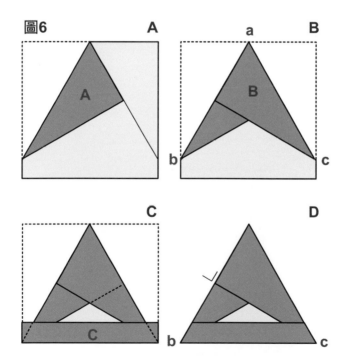

這樣一來，**B**在正三角形內部的邊就會是從頂點**c**延伸到**ab**線的垂直線（上頁**圖6B**）。接著，讓頂點**c**貼合這條垂直線的垂足，把色紙摺入（**圖6E**），壓出摺線後再掀開，恢復原狀。接著，將頂點**c**貼合**A**與**B**相疊所形成的交叉點（△**abc**中心點）摺入，壓出摺線後掀開、恢復原狀（**圖6F**）。

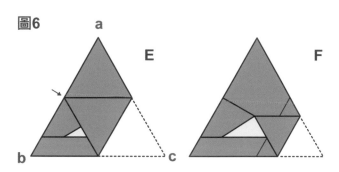

接著，左下角與剛剛一樣貼齊垂足，進行相同的步驟，將頂點**b**確實貼合正三角形的中心點，摺出兩條摺線（**圖6G**）。如果你不太了解什麼是垂足，可改變**A**與**B**的重疊順序，改成**A**疊在**B**上面。

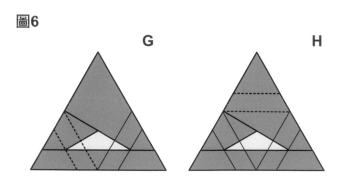

最後，剩下一個頂點**a**，此時雖然沒有垂直線，但是頂點**a**應該要碰到的位置，其實就是正三角形下側邊的中心點。頂點**a**只要貼齊這個邊的中心點以及**A**、**B**相疊的交叉點，即可做出兩條摺線（**圖6H**）。這時，我們再把色紙攤開（**圖6I**），且追加兩條摺線。首先，將已經摺好的左下角往右上摺，讓色紙左上角與色紙下邊的中心點形成一條摺線（**圖6J**）。接著將右上角往下摺，邊緣必須與左側摺入的色紙邊緣完全貼合（**圖6K**）。

　　把摺線完全摺好再攤開，讓右側重覆相同步驟摺好摺線（圖省略）。如此一來，第一階段的摺線展開圖就完成了（**圖6L**）！

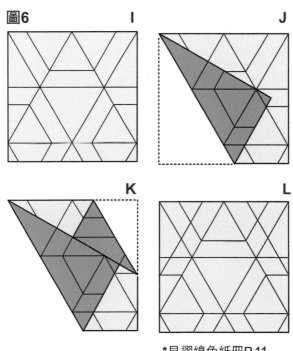

*見摺線色紙冊P.11

◆ 正六角星終於正式上場

　　接下來要進入正式的正六角星摺紙步驟。將色紙右上角沿著已摺好的斜線往內摺（**圖7A**），再沿著第二條斜摺線（正三角形的邊）往內摺（**圖7B**）。色紙左上角請用同樣方式往內摺兩次。最後，如43頁**圖6**的方式，將正三角形下方多出來的部分，也就是將**C**兩側多餘的小三角形（俗稱：小狗耳朵）往背面摺（**圖7C**）。這樣做好的形狀就會是一個正三角形，模樣很像汽車故障時立在路邊的三角警示牌！

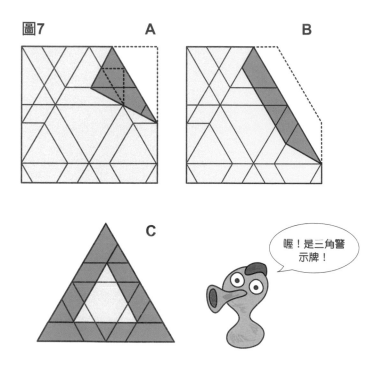

　　各角內側皆有兩條平行的摺線。如下頁**圖7D**所示，沿著第一條摺線，把三個角一一摺向正三角形中心部位。

三個角都摺好，會變成**圖7E**的正六角形。將這個正六角形左上角的頂點向內摺，接觸到中間白色三角形（左上方的那一個）的頂點，接著每一個頂點（**圖7E**的三個〇）都必須依此方式摺好（**圖7F**）。

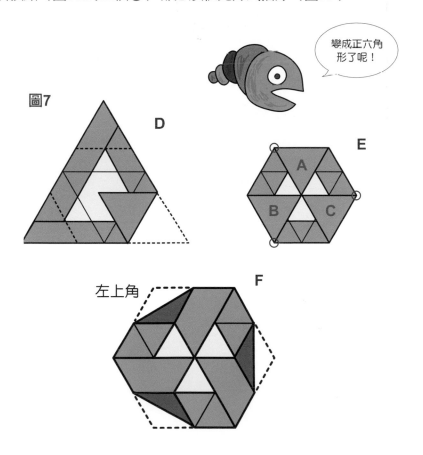

接下來是最重要的步驟，此時**圖7D**至**E**用圖示解說有點困難，請詳細閱讀文字解說並參考圖示。

將剛才摺好的三個小三角形（**圖7F**）一一鬆開，摺入的三角形會翹起（**圖7EA、B、C**），如下頁**圖7G**所示。外觀看來雖然沒什麼變化，但是摺好的彎曲部位其實是與皺褶處連在一起的。

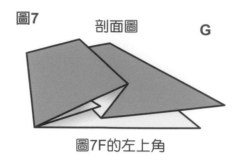

圖7　剖面圖　　G

圖7F的左上角

　　摺好之後，將下圖箭頭所指的三個地方，沿著虛線往背面摺，上頁**圖7E**的**ABC**三角形就會向外側展開，形成正六角星（**圖7H**）。接著，把這三個往背面摺的部分，依逆時針方向摺下，一個疊過一個，再把最後疊上的部分（六角星上方三角形的右側），插入第一個摺下部分的下面，如此即可將正六角星的形狀固定（**圖7I**）。

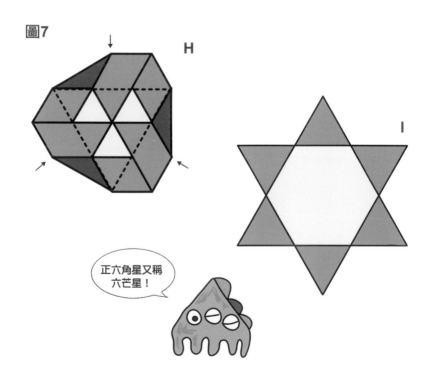

圖7　　H

I

正六角星又稱
六芒星！

請把色紙翻到背面。組合好之後，如果看起來跟**圖7J**一樣，有兩個正三角形交織在一起，表示你成功了！

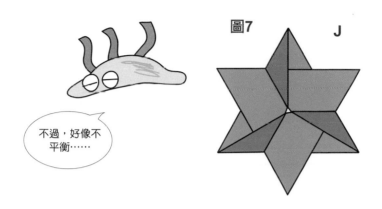

圖7　　**J**

不過，好像不平衡……

但是這個正六角星看起來好像不平衡耶！有這種感覺的人真是敏銳啊！事實上，42頁**圖5C**部分的縱向長度，的確比46頁**圖7C**三角警示牌左右側長方形的寬度窄。這個**C**其實只是用正方形色紙摺出60°角的「剩餘」部分。正確來說，縱向長度必須是三角形中線長度的六分之一，然而這個部分卻只有九成三（93%）。不過，實際作品的誤差看起來其實沒有那麼明顯，所以能夠做到這個程度已經很不錯了！（**圖8**）

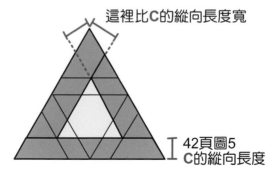

圖8

這裡比C的縱向長度寬

42頁圖5C的縱向長度

來摺紙風車吧！

◆ 第一步，把腦袋淨空

若想用色紙摺出紙鶴之類的東西，一開始都會先把色紙摺成長方形或兩個三角形吧（如**圖1A**、**1B**）！但是，接下來我們要做的紙風車，一開始要摺的形狀既不是長方形，也不是三角形。

圖1

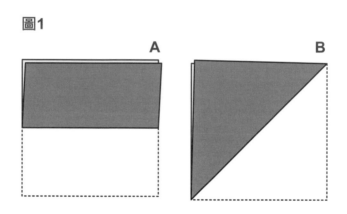

而且，從開始到完成的許多步驟都會跟一般的摺紙方法不太一樣，因此讓我們先淨空腦袋裡的舊習慣，重頭開始吧！

我在此使用的並不是特殊的紙，只是市售的普通正方形色紙。建議你最好買每邊長17.6cm的色紙，如果沒有，也可使用邊長15cm的色紙。

將有顏色的那一面朝下，空白面朝上，放在桌面。摺紙步驟從為色紙的邊做記號開始（**圖2A**）。於色紙上側邊的中心點做一個記號，讓

色紙的左上角與右上角貼合，手指沿著色紙上側邊滑動，按壓摺疊處再鬆開，即可在上側邊的中心點做出摺線記號（**圖2B**）。

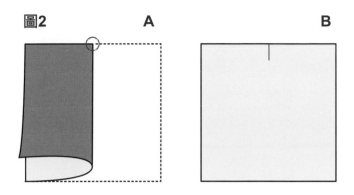

接著，將右下角往上拉，對準剛才的中心點記號（**圖2C**）。在這個步驟還不要用力摺色紙產生摺痕。將右下角對齊色紙上側邊中心點時，為了讓顏色面的側邊與空白面確實貼合，將手指沿著摺線滑動，抵達左下交叉點，輕輕按壓，在色紙左側邊做出一個新的記號，如下**圖2D**。

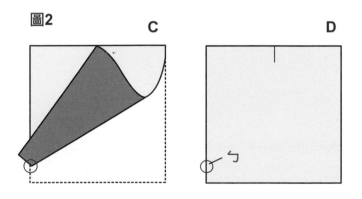

接著將色紙攤開,即可看見左下側邊有一個斜線小記號(上頁**圖2D**)。我們將這個記號稱為ㄅ。接著將色紙順時針旋轉,使ㄅ記號的位置移到上側。

把色紙放好以後,重覆一次上頁**圖2A**到**2C**的步驟,做出**圖2E**的樣子。也就是說,重新在上側邊做一個中心點記號,並讓右下角接觸此中心點,在左側邊做第二個小摺線記號,我們將這個記號稱為ㄆ。接著,將ㄅ與ㄆ相疊(**圖2F**)再壓實摺線,色紙上就會出現一條橫斜線(**圖2G**)。接下來,再將這條橫斜線的兩端重疊在一起,壓實摺線(**圖2H**)。

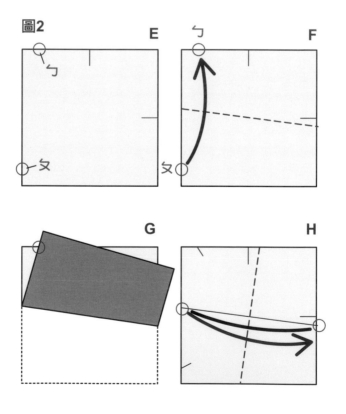

這樣就會出現兩條垂直相交的摺線（**圖2I**）。事實上，這兩條垂直相交的摺線會把色紙的每一邊都切成3:4，也就是說，這兩條垂直相交的摺線是能夠把邊長切割成七等分的基準線。關於這個數學問題，請參考拙作《摺紙數學②》（オリガミクス②）。

圖2　　　　　I

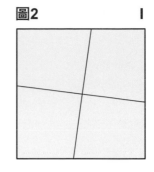

真是不可思議的基準線呢！

◆3:4 基準線

我們要根據這兩條傾斜交叉的垂直基準線，來摺紙風車的摺線展開圖。首先，沿著色紙縱向的3:4基準線，將色紙右側往左摺（**圖3A**）。縱向基準線的上方端點與橫向基準線的右側端點連成一條線，沿著此線把色紙右上角**a**向外摺，露出一個白色的三角形（**圖3B**）。

圖3　　　　　　A　　　　　　　　B

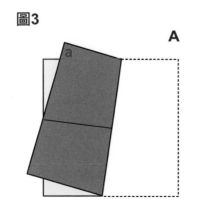

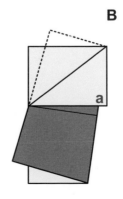

這個白色三角形先放著不動，把色紙其他部分攤開（**圖3C**），再把色紙此時的右上角**b**往下摺，使它的側邊與這個三角形的邊貼合，壓實摺線（**圖3D**）。

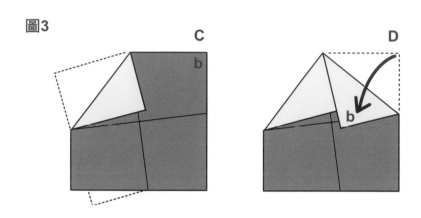

色紙的四個角都以相同方式往內摺，中間空出來的地方就會形成一個正方形（**圖3E**）。摺好以後，再將色紙完全展開，並且把色紙翻成空白面朝上（**圖3F**）。

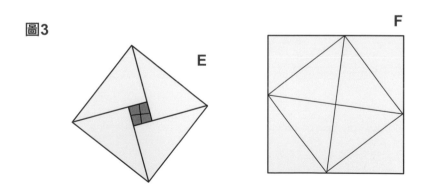

　　剛才我們把色紙的四角往有顏色面的中心摺，所以此時色紙空白面
有四條凸出的摺線，請以雙手抓住凸出摺線的左右端避免摺線歪掉，
將此摺線平行向內摺，接觸到基準線的交叉點，再將摺線壓實（**圖3G
①、②**）。摺好摺線後展開，接著將色紙轉一個方向，四個角都以相同
方式完成摺線，就會出現**圖3H**的井字雙線。這時，摺線製作步驟即告
一段落。

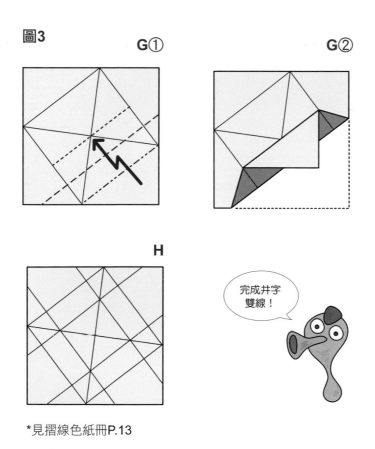

*見摺線色紙冊P.13

接下來終於要進入紙風車的完成步驟了。

如上頁**圖3G①**，先把右下角沿井字雙線內側的線往上摺（**圖4A**）。這種摺法會形成兩個有顏色的三角形，我們先摺底邊較長三角形的那一側（左下角）吧。接下來的動作一樣，左下角先沿井字內側的線摺入（**圖4B**）。色紙右上角、右下角與左下角皆做相同步驟，會變成**圖4C**的樣子。

第四角直接沿著**圖4C**紅線摺，摺成**圖4D①**的樣子，此時還是處於一種怪怪的狀態，因為我們雖然摺好了，但要成為一個紙風車，必須將紙風車的四片扇葉展開，因此必須使用立體摺疊方法。

圖4

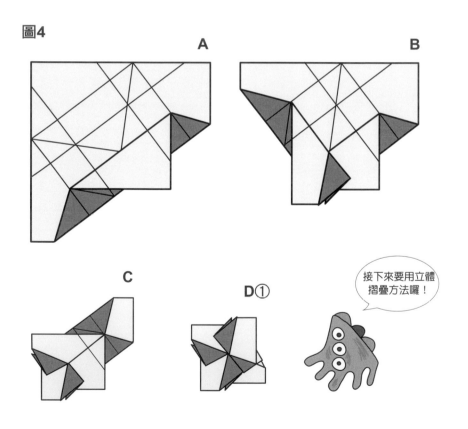

接下來要用立體摺疊方法囉！

◆ 立體摺疊方法好像拼圖遊戲！

　　立體摺疊方法用日文漢字表示是「疊紙」。它就像將厚重和紙的四個角摺進來，形成一個可收納和服的包裹。大家應該知道如何為紙箱封口，才不會讓裡面的東西掉出來吧！將紙箱的一個耳朵疊在另一個耳朵上，然後壓住，再從另一邊壓下另一個耳朵，讓四個耳朵能夠平均交疊在一起，即可將紙箱封口（此處耳朵是指紙箱口的四片紙板）。摺紙的概念與紙箱封口一樣，我們必須想一想，該怎麼摺比較好？到底如何摺才會摺出想要的效果呢？

　　因為希望作品美麗呈現，這次我們要摺的紙風車會比紙箱封口困難。先看下面的**圖4C**吧！色紙下方已經做好兩片扇葉，上方則尚未處理，而且上方有兩段橫向摺線。此時讓左側保持不動，將右側扇葉拉開一點，先將色紙上方沿著第一段橫向摺線（上摺線）往後摺，注意不要讓整張色紙散開（**圖4D②**）。

圖4

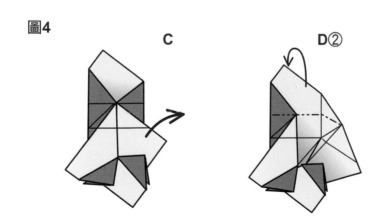

C　　　　　　　　　　　　　D②

接著處理下面那一段橫向摺線。與上一段一樣，左側維持不動，微微拉開右側的扇葉，注意不要整個散開。將**圖4E**①紅虛線上方ㄅ的部分，沿紅虛線往下摺，把藍底部分塞入右扇葉下方，使右扇葉自然靠向中央，綠虛線即會成為**圖4E**③的綠邊。這樣一來，四片扇葉都會有一部分壓住隔壁的扇葉，也有一部分被隔壁扇葉壓住。

圖4

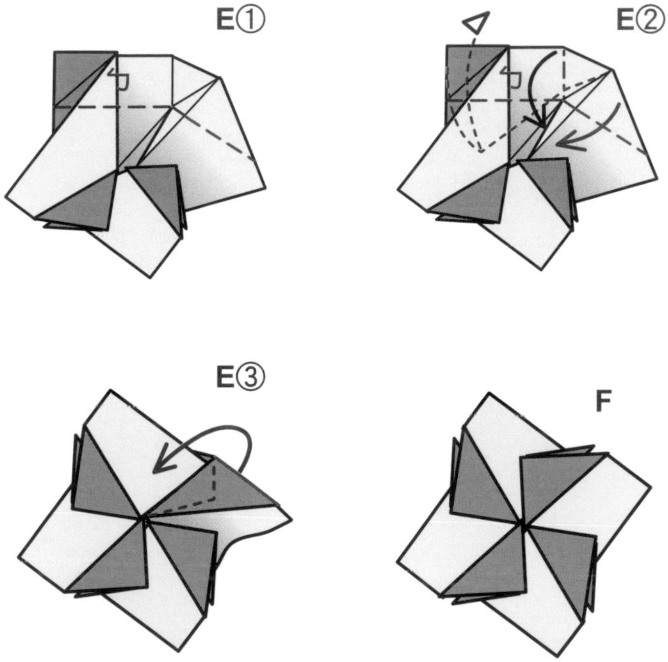

　　把摺好的作品翻過來看會有很像坐墊的四角形（**圖4G**），讓四角形的邊貼齊中間對角線摺入，如**圖4H**，摺好再恢復原狀，接著繼續摺剩下的三邊（**圖4I**）。接著再將四角形的四個角，依序沿著剛才摺出的摺線往中間摺，一個疊過一個（以逆時針方向進行，最後一個摺入的角要塞入前三個角相疊處的最下面，**圖4J**）。

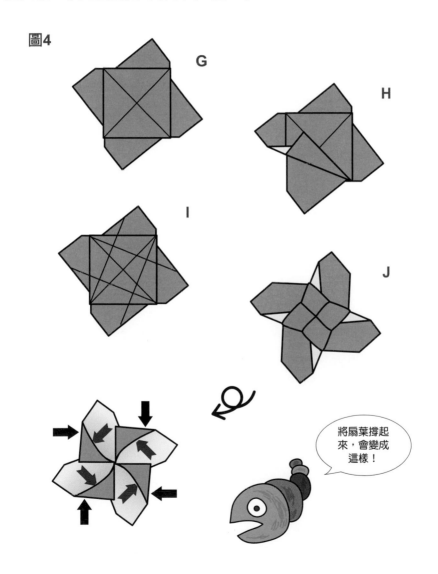

圖4

將扇葉撐起來，會變成這樣！

◆ 加上軸心棒與支撐棍，轉一轉！

　　這樣我們就完成了一個紙風車。要實際轉動紙風車，還必須有軸心棒，你最好使用頂端裝有小圓珠的塑膠小棍子（或牙籤）。如果頂端的圓珠太小，可以多裝一顆串珠，然後在紙風車內側裝一顆直徑10～12mm的保麗龍球，讓軸心棒穿透保麗龍球（**圖4K**）。此外，我們可以使用一般尺寸（直徑6mm）的可彎式吸管當作支撐棍。將吸口處的吸管壓扁，平行釘上兩根釘書針，再將軸心棒（塑膠小棍子或牙籤）插進去（下頁**圖4L**）。

圖4K

　　準備就緒，調整扇葉的橫向摺線，使扇葉鼓起來，更能承載風力（**圖4M**）。

　　我在自己辦公室的冷氣機上面，放了一個自己摺的紙風車，雖然它褪色了，但已持續轉動了將近十年呢。由此可知，雖然只是小小的摺紙作品，也能夠維持很久！

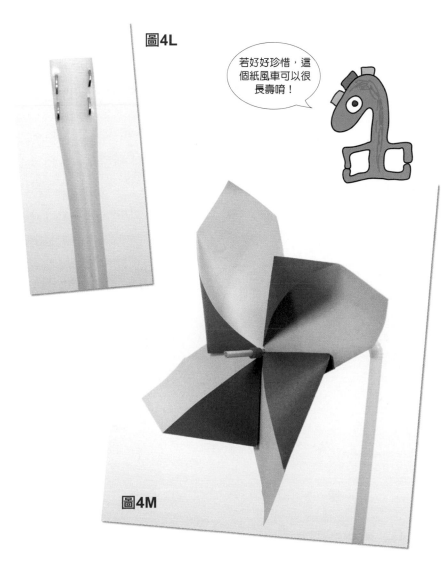

圖4L

若好好珍惜，這個紙風車可以很長壽唷！

圖4M

第6章 來摺正五角形信紙吧！

◆ 第一號作品

本人一頭栽入摺紙世界時已是四十多歲，而且我深入追求摺紙所展現的數理現象，因此完成的作品屈指可數，只有十幾種。如果用時間序列來編號，接下來要介紹的可說是我的第一號作品。

當時的我正在用顯微鏡觀察一種陌生的小型昆蟲——纓翅目蟲（Thysanoptera）的卵切片。雖然這已經是一個讓我肩膀僵硬的工作了，但是因為放在桌上的便條紙贈品剛好是正方形的，所以我隨手撕下一張亂摺，頓時覺得摺紙非常地療癒。

某天，我一如往常地在摺這些正方形便條紙，卻不知不覺摺出一個造型簡約的**正五角形**。我花點功夫繼續摺，竟然變出**圖1**的信紙摺法（可以在色紙中間寫你想要與人溝通的文字，摺好轉交給別人，請參照第1章與第2章）。

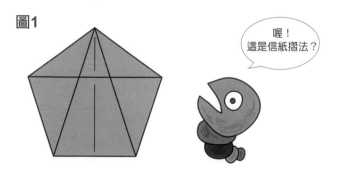

圖1

喔！
這是信紙摺法？

　　因此，我便將信紙摺法的步驟寫下來，寄給一位摺紙書作者——笠原邦彥先生（我曾站在書店看他的摺紙書，但當時我還不認識他），並附上實際的信紙摺法作品。那麼，現在我就來介紹這個「第一號作品」吧！

◆ 五角形的變形

　　取一張標準的正方形色紙，將有顏色面朝下，擺放成鑽石位置（圖2A）。先把左右角貼在一起，摺出縱向的對角線（圖2B）。再將這條對角線的頂點與底部的點貼合，於對角線的中心點做記號（圖2C）。

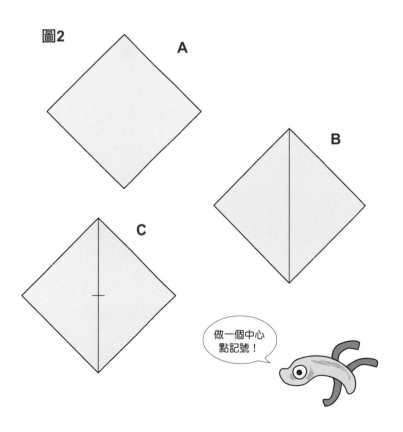

做一個中心點記號！

頂點對齊對角線向下摺，但頂點不要完全對準中心點，而是對準中心點上面一點點的地方。這裡的「一點點」或許會造成大家的困擾。一般而言，如果是每邊皆15cm的色紙，「一點點」就是指2.02mm。授課時我會指定學生空出「2mm」。如果是每邊皆為17.6cm的色紙，「一點點」即是2.37mm。如果每邊皆為24cm、版型更大，則是3.23mm。總之，只要頂點與中心點之間有一點距離即可（**圖2D**）。

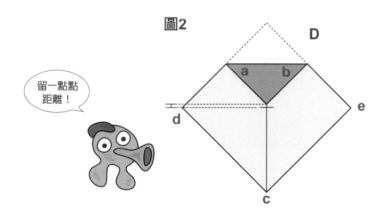

圖2

留一點點距離！

　　接下來的摺紙步驟要注意一下喔。如**圖2D**所示，有顏色面會在正面形成一個三角形。接著，想像有色三角形的左上角**a**，與色紙底部的角**c**，連成一直線，然後沿著此線，把色紙的角**d**往右摺，最後使**ac**連結成摺線壓實（**圖2E**）。摺好左側，右側的角**e**以相同摺法往左摺（**圖2F**），即可完成倒立的銳角等腰三角形。

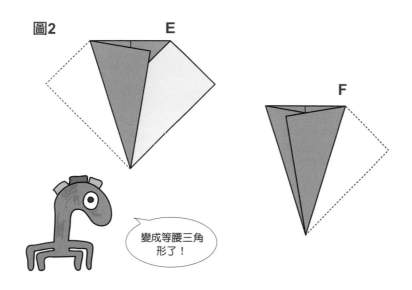

接著，將等腰三角形下方的頂點向上對摺，對準等腰三角形底邊的中心點。此時，你會發現最初摺好的對角線即會標出中心點。如果你還是難以理解，請確認一下背面的摺線位置。將等腰三角形對摺，會出現一個寬版的梯形（**圖2G**）。將梯形的左上角與右上角往下摺，貼齊中間小等腰三角形的斜邊（**圖2H**、**圖2I**）。看吧！五角形的雛形出現了！

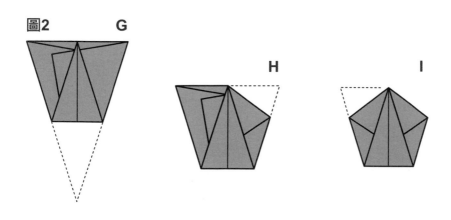

如果是在研習等場合，與觀眾一起摺紙的情況，到了這個步驟我會讓坐在旁邊或是前後位置的觀眾，將彼此的作品疊在一起，讓兩個作品背對背相疊，再叫其中一位觀眾以順時針方向確認每一邊是否確實相疊。如果沒什麼差異，表示兩人都有做出正五角形。

◆ 來玩信紙摺法！

確認你摺出了正五角形，接著用雙手繼續加工，完成一個信紙作品吧！

雖然我們好不容易才摺到這個步驟，但現在我們要先將色紙展開，回到第一個步驟，重新開始（圖3A）。這時，銳角等腰三角形的上側邊中心點所延伸出的兩條斜線，會構成屋頂的模樣！雖然這個屋頂的兩邊只是摺線的一半，但請沿著這半條摺線往下延伸出去，將左右兩邊的色紙往下摺，如圖3B（圖3B）。

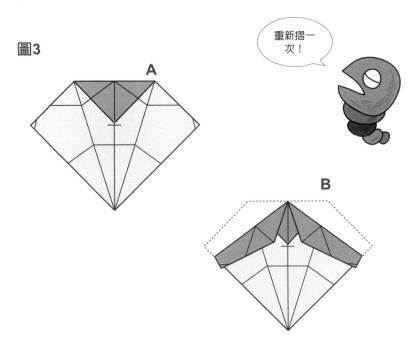

圖3

重新摺一次！

接著，將等腰三角形下側頂點左右兩側的色紙往內摺（圖3C）。這個樣子看起來好像是穿著和服、雙手抱胸的樣子呢！這時，抱胸的兩手臂上方會有一個形似三角窗的區塊。你可以用筆標記三角窗與兩手臂接觸的底邊中心點（圖3C的箭頭指示處），建議你畫的線要細而短。然後，再次將色紙完全攤開（圖3D）。

圖3

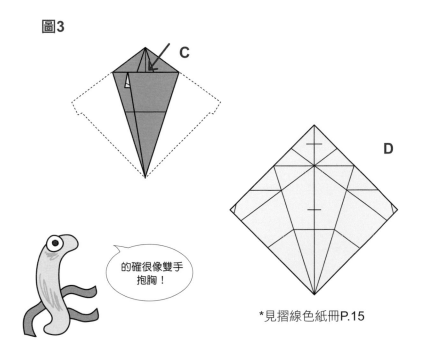

的確很像雙手抱胸！

*見摺線色紙冊P.15

將紙的頂點沿著剛才做的記號往下摺，摺好再繼續沿下方的橫向摺線往下摺（下頁圖3E、3F）。接著，僅將色紙左側角（或是右側角）往內摺，接觸到離它最近的摺線交叉點，且壓實摺線（下頁圖3G）。接著再沿著圖3B摺好的左右屋頂摺線，把色紙摺入（下頁圖3H）。

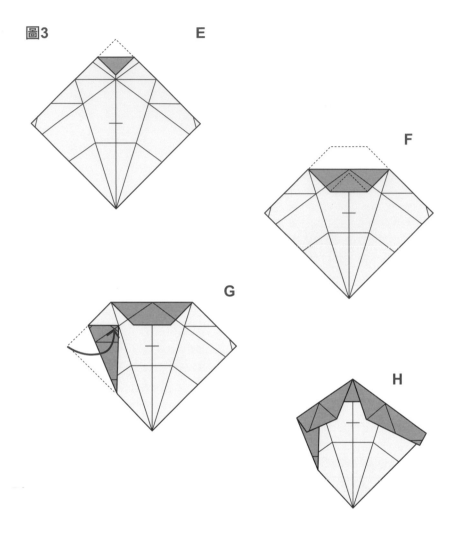

接著沿著等腰三角形的兩個斜邊，把色紙左右側往內摺，再將右手臂（參見上頁**圖3C**的說法）夾在**圖3G**步驟所形成的縫隙（下頁**圖3I**）。最後，將下方的腳尖往上插入胸前的洞口，如果腳尖可以直接滑進去（下頁**圖3J**），表示你的正五角形信紙作品完成了（**圖3K**）。

圖3

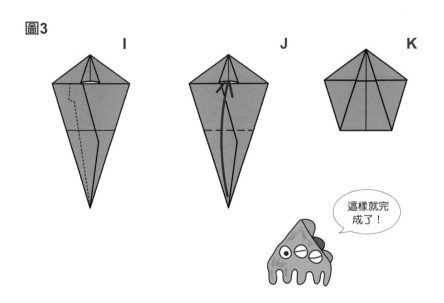

I　　　　J　　　　K

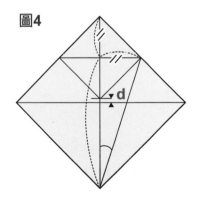

這樣就完成了！

　　這個作品的外形討喜，可以輕鬆開闔，所以不只可以在中間寫 一些訊息，當作信紙，也可以放入錢或是小紙條，甚至可以當作過年的紅包袋！

◆ 正五角形的不可思議

　　這種摺法為什麼可以構成正五角形呢？64頁**圖2D**所謂的「一點點（**圖4的d**）」該如何計算呢？有這些疑問的朋友，讓我來為你解說數學原理吧！

圖4

如果省略這個「一點點」的距離，將一開始要摺的頂點直接摺下來接觸中心點，你做出的直角三角形abc，底邊ac與高度ab的比，會變成3:1（圖5）。這時，∠acb為：

$$\tan^{-1}\left(\frac{1}{3}\right) = 18.4349\cdots\cdots°$$

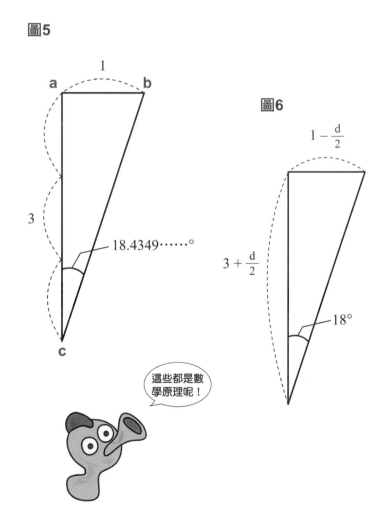

圖5

1

a   b

3

18.4349……°

c

圖6

$1 - \dfrac{d}{2}$

$3 + \dfrac{d}{2}$

18°

這些都是數學原理呢！

　　而左右兩個∠**acb**的角度相加，即為36.869……°，這個角度會比正五角形對角線所形成的角度（**圖7**）大將近1°。因此，的確有調整「一點點」距離的必要。將這個「一點點」當作**d**，3:1的比例就會變成（**圖6**）：

$$\left(3+\frac{d}{2}\right):\left(1-\frac{d}{2}\right)。$$

圖7

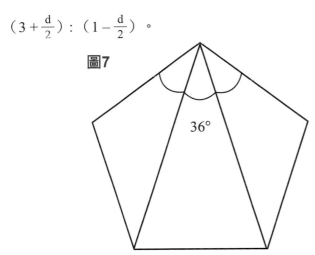

　　這個比例剛好可以摺出18°，推回去計算**d**，會得到**d**≒0.0381這個數字，你可以把它寫入工程計算機與電腦。由於這個數字是由每邊為$2\sqrt{2}$的正方形算出的，因此如果是每邊15cm的正方形色紙，則會變成150mm×0.0381÷$2\sqrt{2}$ ≒ 2.02mm。實際摺紙時，我們並沒有尺規可以測量這麼精準的數字，因此，直接使用「2mm」吧。

　　如果有人想要嚴謹地做出完全符合數學原理的正五角形，請參照拙作《摺紙數學①幾何圖形摺紙》（オリガミクス①幾合図形折り紙）。

你想要精益求精嗎？

第 7 章

來摺五芒星的「五角星」吧！

◆ 熟悉的小星星

　　這次要做的正五角星也可以稱為五角星，是正五角形對角線構成的星星。這是一個令人熟悉的星星形狀，被廣泛使用，從日本有名的陰陽師安倍晴明旗幟，到世界各國的國旗，到處都有五角星。所以我想應該很多人會想要利用一張色紙，做出這種可以一筆畫完的星星吧！摺紙的步驟我會拆解為製作角度、製作摺線展開圖、組合的三個階段來說明。

◆ 製作五角星的角度

　　平常我們摺紙，都會將色紙的有顏色面朝下。這次相反，我們要把有顏色面朝上（圖1A）。首先，將色紙上下對摺成一個長方形（圖1B）。

圖1

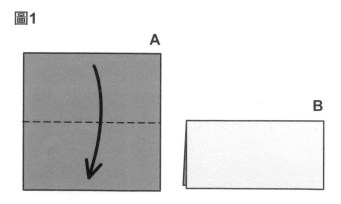

再將此長方形的兩端疊在一起，輕輕按壓中間的點，在長邊中心點做小記號（圖1C的〇）。接著利用相同的方法，在右側短邊的中心點，做一個小記號（圖1D）。

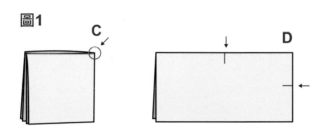

圖1

以長邊的中心點為支點，將色紙右上角往左下摺，使短邊的中心點碰到長方形下側邊且壓實摺線（圖1E），再把右上角拉回，恢復原狀。這個摺線必須採用正反摺疊的方法。所謂正反摺疊，是指原本色紙往內凹進去摺（谷摺）的摺線，要往外凸出去摺（山摺），或是把往前側摺的線往後側摺。打開剛剛摺入的部分，使色紙恢復長方形，將右上角往下摺，貼齊此斜摺線摺好，保持不動（圖1F）。

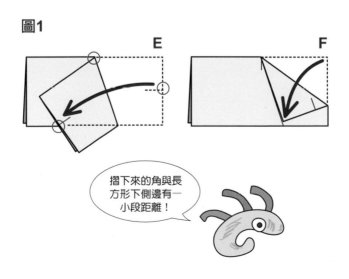

圖1

摺下來的角與長方形下側邊有一小段距離！

這時，將左上角向右貼齊此斜邊摺好。請注意摺線不能超過上側邊中心點（**圖1G**）。然後，將剛剛摺入的部分對半摺回，貼齊左邊斜線，這時形成的摺線應該會剛好與上頁**圖1F**所摺入的三角形側邊貼齊（**圖1H**）。

圖1

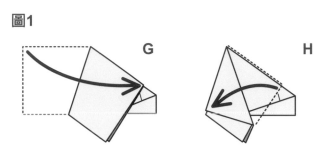

將上頁**圖1F**之後做的斜摺線全部攤開，回到原本的長方形。長方形上側邊中心點會延伸出四條向下放射的斜線（**圖1I**），試著將這四條斜線以屏風的方式摺疊，即可把五個角疊在一起，變成一個角。可見這五個角的角度都相同呢。

圖1

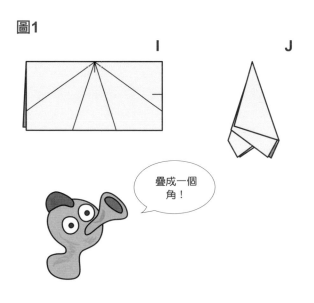

疊成一個角！

也就是說，180°÷5 = 36°，我們已經做出五角星的尖角了（上頁圖 **1J**）。

◆ 製作五角星的必要摺線

展開已經做好角度的色紙，我們從這裡重新開始（**圖2A**）。

將有顏色面朝上當作正面，上下對半摺疊，再左右對摺。我們在 72頁**圖1A**，已經將白色面摺成朝外的面，所以現在我們可以輕鬆地沿著之前的摺線來摺，**2B②**的**a**段，要往內谷摺，摺進**c**、**d**虛線之間，**b**段則往內谷摺，摺入**e**、**f**虛線之間。

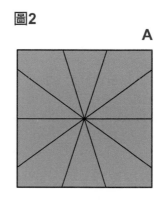

圖2

A

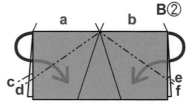

從這裡重新開始！

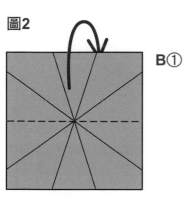

圖2

B①

B②

a　　b

c
d　　　　　e
f

這麼摺會形成如屋頂的兩條斜線，接著把正反面的屋頂底部都往上摺。這裡要注意屋頂斜線末端的摺法（**圖2C**）。將往上摺的細長方形兩端，沿著屋頂下側的斜線正反摺疊，形成小三角形。因此，左右、正反，總共會有四個地方需要摺疊（**圖2D①**、**圖D②**）。

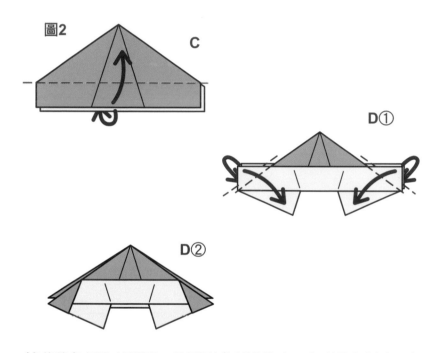

接著將色紙全部攤開，將剛剛處理過的小三角形往色紙中心摺，並將剛才的屋頂底部長方形向內摺，再把色紙上下對摺，最後把**a**、**b**谷摺（往內凹摺），形成下頁**圖2F**。**圖2F**的形狀看起來很像屋頂長了腳，或是不明飛行物體，所以我們暫且把它叫作UFO（下頁**圖2E①～④**）吧。UFO的腳（亦即小三角形）之前已經貼齊屋頂斜線做出摺線了，此時，請再谷摺（往內凹摺）一次，把腳摺進前後兩片三角形之間（下頁**圖2F**）。

圖2

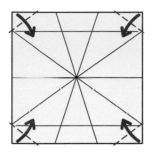

E①

E②

*見摺線色紙冊P.17

E③

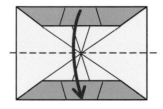

E④

a　　　b

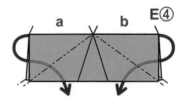

F

啊！
是UFO！

圖2B～F皆是正反摺疊而成。圖2G的步驟到圖3為止，正反面都要進行同樣的作業。但左右側的處理步驟不太一樣，我會示範右側的處理步驟，再翻面重覆相同動作，或是先處理右側，再處理左側。

　　UFO看起來像兩片三角形疊在一起，請將外側的一片三角形拉起，往左打開（圖2G）。然後將最右邊的三角形貼齊左側三角形的腳跟處，壓實摺線（圖2H）。

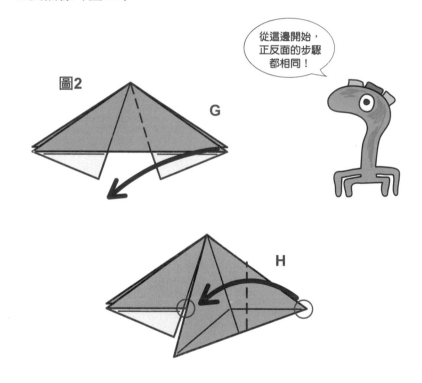

從這邊開始，正反面的步驟都相同！

　　將這條摺線正反摺疊（山摺與谷摺），再回到原本的位置。然後，將剛剛打開的第一片三角形恢復成UFO狀態（圖2I ①、2I ②）。

　　把整個UFO左右翻轉，同樣讓右側進行圖2G～2I的步驟，完成摺線，再回到UFO狀態（圖2J）。

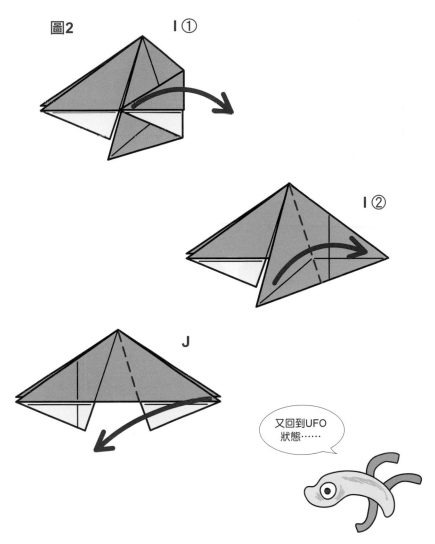

圖2

I ①

I ②

J

又回到UFO
狀態……

◆ 組合五角星

　　打開剛剛已經準備好的UFO右側三角形（下頁圖**3A**）。將手指放入已打開的三角形內部，讓中線凸出來，對齊左側的邊壓下去（下頁圖**3B**）。

露在外面的屋頂摺線，以谷摺方式向內凹，色紙最下方會出現鳥嘴的形狀（**圖3C**）。接著，鳥嘴往右上摺，同時，左側角**a**往右摺（**圖3D**）。

圖3

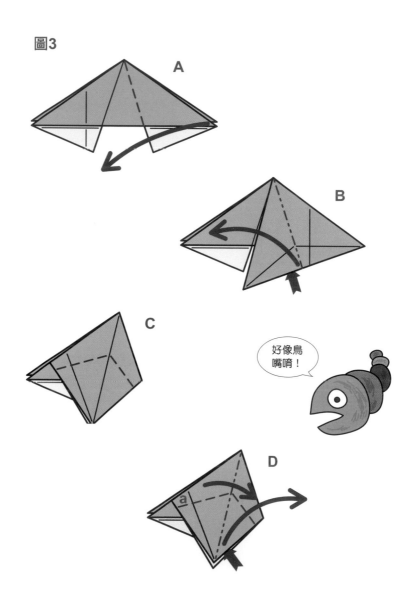

好像鳥嘴唷！

將右下部分（UFO的腳跟處）摺入鳥嘴內側（圖3E）。此摺入部分（圖3F①的箭頭處）的正中央已有皺褶形成的間隙，所以只需摺入最近的皺褶間隙即可（圖3F①～③）

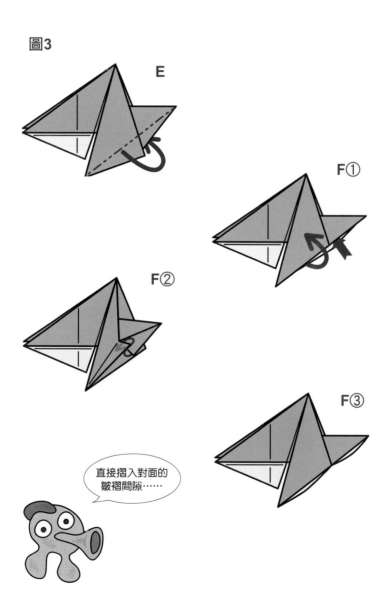

圖3

E

F①

F②

F③

直接摺入對面的皺褶間隙⋯⋯

這時候將整張色紙左右翻轉，右側兩片三角形同樣依圖3A～F的步驟摺好（圖3G）。

圖3

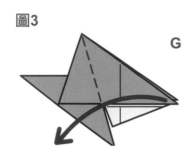

如此一來，一個漂亮的五芒星（五角星）就完成了（圖3H）！

圖3　H

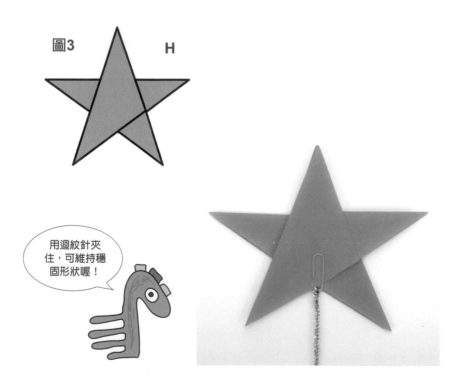

用迴紋針夾住，可維持穩固形狀喔！

◆ 作品尚未完成……角度精確的五角星！

接下來這種五角星的製作方法，與我在研習所介紹的不太一樣。依圖4A～4I的步驟，可得到$\sin 18° = \frac{\sqrt{5}-1}{4}$，於中央正確取出18°（圖4J）。接著，把90°扣除18°所得的72°再對摺，即可得到36°的星星頂角（圖4J）。但是，要完成在數學上完全正確的星星作品，還有待努力，摺疊方法必須更仔細。

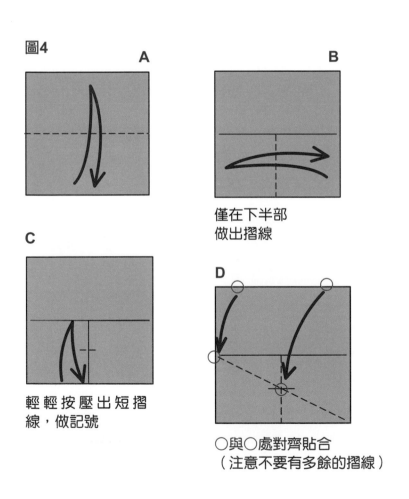

圖4

A

B

僅在下半部
做出摺線

C

輕輕按壓出短摺
線，做記號

D

○與○處對齊貼合
（注意不要有多餘的摺線）

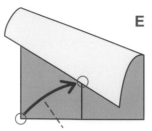

E

○與○處對齊貼合
（虛線處輕輕壓出記
號即可）

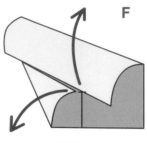

F

打開

G

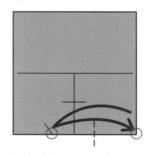

輕輕按壓出記號

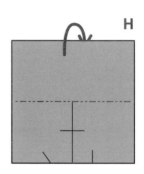

H

I

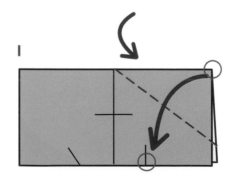

J

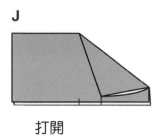

打開

K

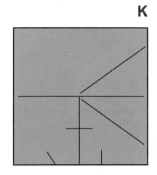

L

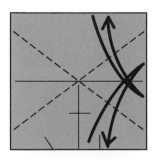

利用**K**完成的摺線，
再摺更多的摺線

M

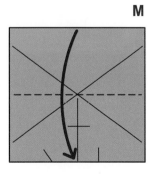

*見摺線色紙冊P.19

必須摺得細
心、精準喔！

來摺正四面體吧！

◆ 一張色紙可以摺出五種多面體

前面我利用色紙摺正五角形、正六角形、正五角星等平面幾何圖形，接下來我想要用紙摺立體圖形，而且仍只使用一張標準的正方形色紙。首先，當然要從正多面體開始做囉！

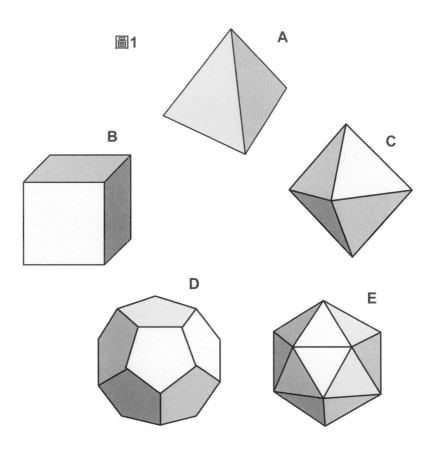

圖1

A

B

C

D

E

　　正多面體的每一面都由大小相同的正多角形組成，從頂點看下去，會看到好幾個相同形狀組成的尖角。實際上，正三角形的面還可以做出「正四面體（上頁**圖1A**）」、「正八面體（上頁**圖1C**）」、「正二十面體（上頁**圖1E**）」，正方形的面還可以做出「正六面體（立方體，上頁**圖1B**）」，正五角形的面則可做出「正十二面體（上頁**圖1D**）」等五種正多面體。

　　將**圖1A～E**這五種正多面體依照面的數量排列，即是正四、正六、正八、正十二、正二十面體呢！然而使用一張標準正方形色紙來摺這些多面體，困難程度的排序則是正四、正八、正六、正二十、正十二面體。我們從簡單的開始摺，再慢慢增加難度吧。

　　最難摺的就是正十二面體，連我自己也只摺過大約十個。因此，我們先摺較輕鬆、以正三角形為基礎的正四面體、正八面體，以及稍有難度的正二十面體！現在，從**正四面體**開始吧。

◆ 第一步是做摺線展開圖

　　用色紙摺圖形，特別是多面體，不可以敷衍了事，必須仔細進行摺紙步驟。一般摺紙作品只要反覆摺疊即可完成，但是多面體必須仔細摺好每一條摺線，因此我們先在色紙上摺出摺線展開圖吧。將摺好的色紙攤開，再進入組裝立體作品的步驟。此時，除了特定情形，摺線皆需正反摺疊。這裡的正反摺疊是指將原本谷摺的摺線，重新以山摺的方式往外摺；或者是指為了讓色紙變平坦，而將色紙摺向有顏色面，再摺回空白面（順序可調換）。在此，我們藉由事先完成谷摺⇔山摺的步驟，讓後續步驟更容易正確進行。

接下來要製作的正四面體，如前所述是由四片全等的正三角形所構成，因此我們可以先在上側邊中心點做一個60°的正三角形，再以此為基礎，摺出正四面體的摺線展開圖。如**圖2A**所示，先在上側邊確定中心點的位置，再把色紙右上角摺進來，靠在中心點上，做出邊長四分之一處的短摺線，再將色紙左上角以中心點為支點摺下來，使左上角在四分之一短摺線上，構成一個60°角（**圖2B**）。

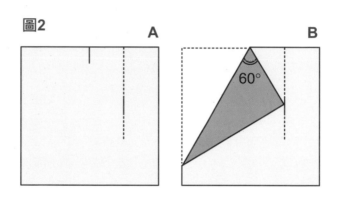

　　也可用第3章所介紹的Z型尺，輔助你做出60°角，這樣就不需要先摺出中心點記號與四分之一短摺線了。接著，右上角重覆相同動作，摺出右方斜摺線，即可將色紙上方側邊的180°角三等分，形成三個60°角（**圖2C**）。

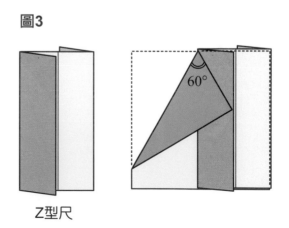

Z型尺

那麼，我們繼續做摺線圖吧！將色紙上下顛倒置放（**圖2D**）。這兩條構成60°的斜摺線就會變成從色紙底邊的中心點**a**往左上角與右上角延伸，我們將色紙底部的邊齊對這兩條斜線延伸出去的末端，壓實摺線再攤開（**圖2E**），上方的細長方形往下摺，再沿著兩條60°斜線往上摺出小三角形，像小狗的耳朵（**圖2F**）。請別忘了所有摺線都必須正反摺疊唷！

圖2

C

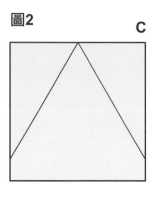

D

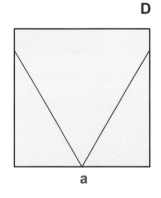

a

圖2

E

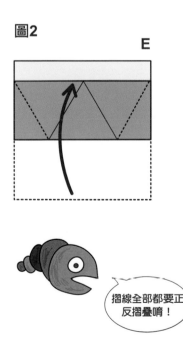

摺線全部都要正反摺疊唷！

F

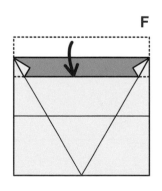

進行到這個步驟，將紙完全攤開（**圖4A**）。

圖4

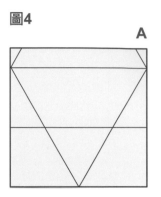

A

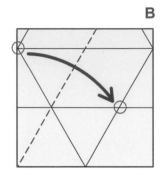

B

你看到兩條橫線了嗎？我們讓第一條橫線的左端，也就是連接小狗耳朵的點，與第二條橫線的右側交叉點貼合摺好（**圖4B**）。這條摺線必須調整角度，讓摺線延伸到色紙左下角（**圖4C**）。接著左右對調，再做一次相同步驟。

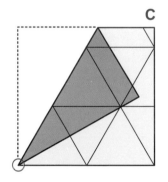

C

如此一來，我們即完成了摺線展開圖。我們總共做了六個對等三角形，最終完成的作品會有四個有顏色的正三角形在外側，構成正四面體（**圖4D**）。

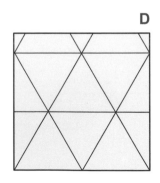

D

*見摺線色紙冊P.21

◆ 進行最後的立體組裝

　　先摺兩條輔助線。如**圖5A①**，將上方的橫線左邊末端對齊色紙底部邊的中心點，僅在兩個箭頭連起來的線段做出摺線（**圖5A②**）。請記得色紙左右側都要做出這條摺線喔（**圖5B**）。

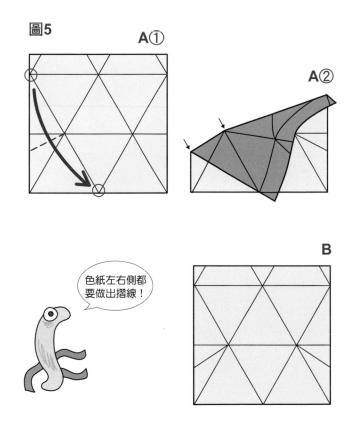

色紙左右側都要做出摺線！

　　如果你覺得這個方法很麻煩，可以先沿著色紙中間的橫線讓底部邊貼齊上面那條橫摺線，直接讓左下角與右下角貼齊斜線摺好（下頁**圖5A'**）。這種作法雖然比較簡單，但是會多出一條不必要的摺線（下頁**圖5B'**），不過這條摺線也不礙事啦。

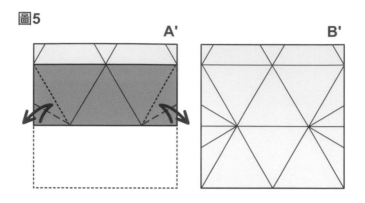

圖5

A'　　　　　　　　　　　B'

完成輔助線，左下角沿著左邊斜虛線往上摺（從底部邊中心點到小狗耳朵下方，**圖5C**）。**圖5D**橫虛線正上方有個斜而短的輔助線，谷摺這條輔助線，再將橫虛線捏起來，以山摺方式立體化，這麼一來，**圖5D**■記號的角就會移動到上方橫摺線的中心點（**圖5D**）。

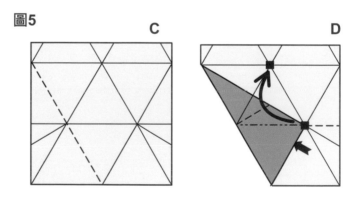

圖5

C　　　　　　　　　　D

將色紙左上角沿著下頁**圖5E①**的紅線往上摺，且把小三角形沿著虛線往內摺覆蓋在這個立體面上（下頁**圖5E②**），再將另一邊的小三角形往內摺，接著把上方整個長條往內摺，暫時摺出立體的感覺（下頁**圖5F①、F②**）。

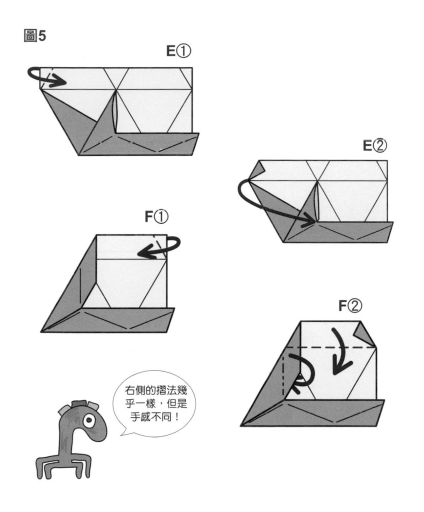

圖5

右側的摺法幾乎一樣，但是手感不同！

　　這次換摺色紙右側。事實上，現在只是要將**圖5C～F**的步驟移到右側再做一次。這樣講好像很輕鬆，但是因為快要組成立體形狀了，所以雖是相同的步驟，摺起來的手感卻完全不同。請看下頁**圖5G②**，沿著右邊的綠色斜虛線（從右上角延伸至色紙底部邊中心點），將短輔助線（紅虛線）以谷摺方式摺入，讓色紙右下角形成一個尖角（下頁**圖5G①**、**G②**）。這時，將下頁**圖5G②**的**a**塞入**b**下方（下頁**圖5H①**、**H②**）。

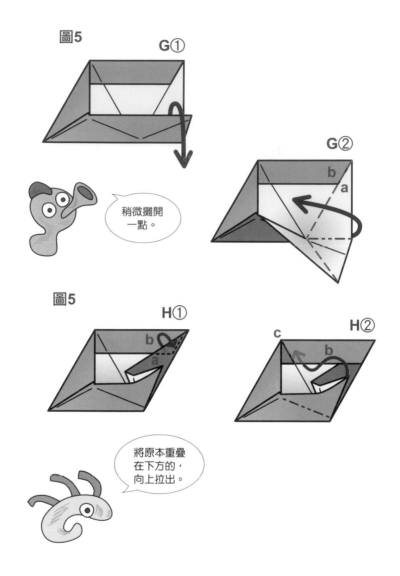

圖5 G①

G②

稍微攤開一點。

圖5 H①

H②

將原本重疊在下方的，向上拉出。

接著，將右下角的尖角靠到**c**交點，使右外側形成一個正三角立體面，再把尖角插入深藍色區塊下面，把**b**插入縫隙（下頁**圖5I**），即完成正四面體作品（下頁**圖5J**、**5K**）。

到此為止，我們都是徒手完成摺紙，完全不使用尺、三角板、量角器和圓規等工具，也沒有使用黏膠就完成了這個正四面體。由於色紙表面具有一定的摩擦力，所以只要不用力擠壓，這個多面體想必能夠維持一定的穩固度。

圖5

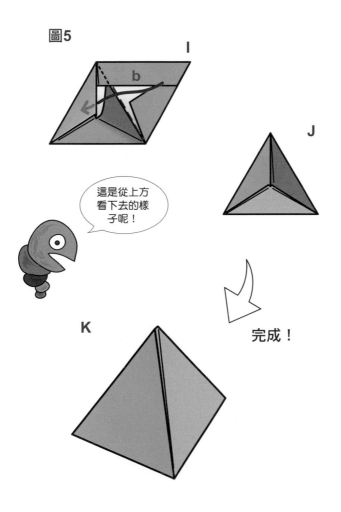

I

b

這是從上方看下去的樣子呢！

J

完成！

K

來摺正八面體吧！

◆ 最自豪的作品

　　現在我們要利用一張色紙、不使用任何工具，徒手製作第二個正多面體——正八面體（**圖1**）。我們要做出大小相同的八片正三角形，使此正八面體不論如何轉動，從任何一個頂點看下去的形狀都一樣。如果是用黏土製作的正八面體，拿刀子從中央橫切進去，切成上下兩半，上下兩半都會變成底面是正方形的四角錐（金字塔）。而且從下圖的任何連接線切開，都會是一樣的四角錐。

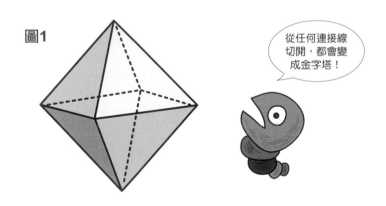

圖1

從任何連接線切開，都會變成金字塔！

　　這個正八面體是我個人相當喜歡、愛不釋手的自豪作品。首先，正八面體這個形狀本身就很美麗，是一種平常不容易看到的形狀。喜歡大自然的我，特別愛欣賞磁鐵礦、螢石、鑽石等結晶體，而它們與正八面體有異取同功之妙呢！所以我特別喜歡這個作品。

正八面體的摺紙方法一樣是從色紙攤平的狀態開始摺，然後從二維進展到三維，再一口氣變成正八面體，這種宛如魔術的摺法，正是我最自豪的地方。

◆ 先製作摺線展開圖

第一步是要在色紙上側邊中心點做出60°角，這個部分跟前面的正四面體一樣，摺紙方法請參照第8章。現在，我們直接從上側邊中心點左右側皆摺出60°斜線的地方開始吧（**圖2A**）！

在兩條60°斜線的尾端摺出橫線（**圖2B**），會形成一個大正三角形，和摺正四面體一樣，把大正三角形上下對摺，最後即可做出六個小正三角形的面，然而，正八面體只有六個小正三角形是不夠的，所以大正三角必須等分成三段。

圖2

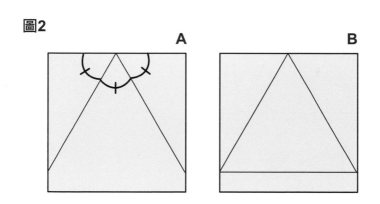

我們可以利用重心，將大正三角形分成三段。任何種類的三角形，從三個頂點各拉一條線到對邊的中心點，三者交會而成的點，即是重心。實際上，三角形的重心剛好可以把每一條交會的線切成長度1:2的線段（下頁**圖2C**）。

摺紙時，不需要特別用尺描繪摺線。如圖**2D**所示，摺好60°的斜線，將兩邊色紙沿60°斜線摺進來相疊所形成的交叉點，是兩邊摺入的三角形斜邊交會之處，同時，大正三角形頂點與對邊連成的直線，也會交於這一點，也就是說，這個點是重心，亦是三等分點。接著，請將大正三角形的下面兩個角（頂點）摺入，貼合三等分點，做出摺線（圖**2E**）。

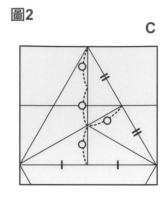

圖**2**

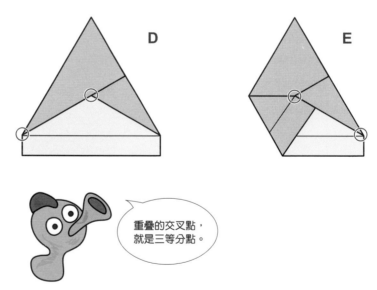

重疊的交叉點，
就是三等分點。

　　左右皆完成這個步驟，再重新攤開色紙，即如下頁圖**2F**所示。請將左右側較短的水平線連結，摺成一條直線，再將色紙上半部對齊此線，向下摺，即可將大正三角形均分成三段（圖**2G**）。

圖2

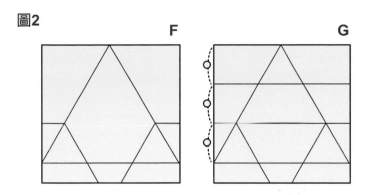

第二步，將下方左右兩條短斜線各往左右延伸出去，它的底端應該
會與上面第一條橫摺線的底端交會。將左邊的斜線以山摺方式捏起，平
行貼齊對向的斜線摺下去，使兩條線中間多出一條斜摺線（**圖2H①**、
2H②）。

圖2

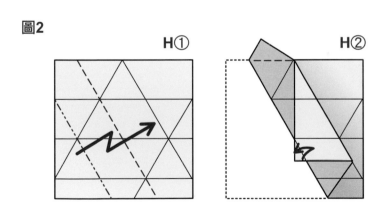

接著，右邊的斜線也用相同的方式摺。如此一來，分成三段的大正
三角形，每段都會有五個小正三角形，總共有十五個小正三角形（下頁
圖2I）。

這十五個小正三角形中，有八個會出現在成品的表面，也就是右圖▇▇的部分。

◆ 正式摺疊，完成作品

我們開始進行宛如魔術的摺紙步驟吧！做完摺線展開圖，將色紙上下倒置（**圖3A**），先把最上面的長條沿水平虛線摺下來（**圖3B①**）。將要進行正反摺疊的左上角小三角形沿著斜線，向內摺，接著用捲入的方式再往上摺一次（**圖3B②**）。這麼一來，水平線上會出現一個疊起的「耳朵」。

圖2 I

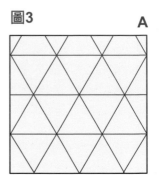

圖3 A

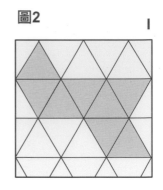

*見摺線色紙冊P.23

B①

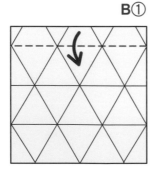

B②

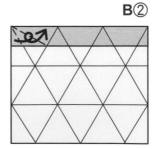

將摺好耳朵的水平線往上掀（**圖3C①**），接著要摺的是由上往下數的第二條水平摺線（**圖3C②**的虛線）。將右側的**a**部分往內谷摺（**圖3C③**）。

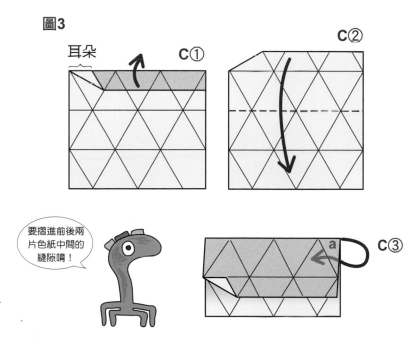

要摺進前後兩片色紙中間的縫隙唷！

沿著右邊虛線，拉起左下角的色紙（只拉前面這片色紙，不要拉下面那片），往右摺（**圖3D**）。這樣一來，會摺成**圖3E**的樣子。

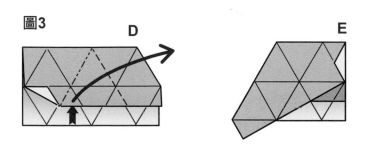

怎麼樣啊？看起來很像耳朵吧！耳朵內側總共有四片色紙疊在一起，將最上面那一片輕輕拉起（圖3F），像三明治一樣，將夾在中間的第三片沿著紅色虛線摺入，插到第一片與第二片中間，貼到交界線的最裡端。我們已經摺好摺線，應該可以輕易插進去（圖3G）。因為是摺在內部，所以從外面看來幾乎沒有什麼變化，但是你可以看見耳朵已經藏起來了（圖3H）！

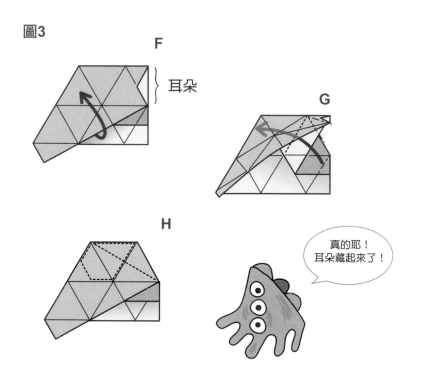

接著將左下角的小正三角形a往內谷摺（下頁圖3I ①、I ②）。拉開一點，將b塞到左側的色紙下方，右下角的c則直接捲進d下方（下頁圖3J）。左右側的摺紙都是摺在內部，因此從外面看起來完全沒有變化，還是保持平面圖形的狀態（下頁圖3K）。

圖3

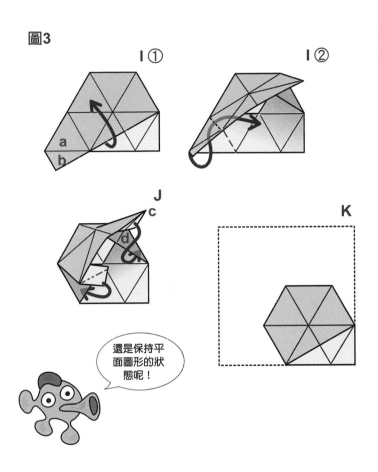

I①

I②

J

K

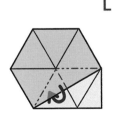

還是保持平
面圖形的狀
態呢！

L

　　我們終於要進入最後階段了。
這時檢查一下內部，確認右邊的
c與左邊的b都沒有露出來。將外
側中央的綠色短虛線慢慢向內谷
摺（圖3L），使右側與左側靠
近，最後緊緊貼在一起（下頁圖
3M）。你們看！

好像變魔術，一個正八面體就出現了（圖3N）！

圖3

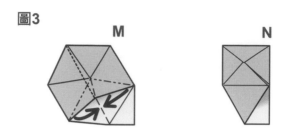

最後，再把下方剩餘部分覆蓋在正八面體的面上，將剩餘的三角形
e塞入縫隙（圖3O），即可完成正八面體（圖3P）。

圖3

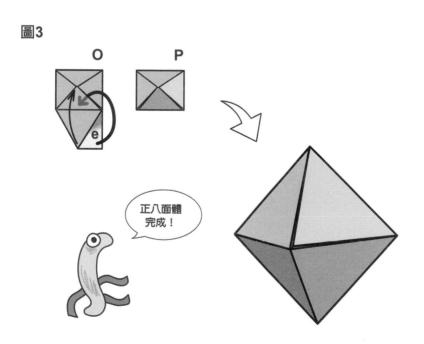

正八面體
完成！

來摺正二十面體吧！

◆ 挑戰難度最高的等級 D

在正四、正六、正八、正十二、正二十這五種正多面體中，面數最多的當然是正二十面體了（**圖1**）。

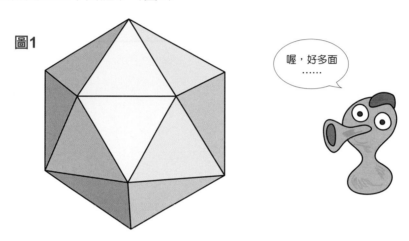

圖1

喔，好多面……

我們在87頁提過，摺紙方法的難度會越來越高，依序如下：

A：正四面體 → B：正八面體 → C：正六面體

→ D：正二十面體 → E：正十二面體

正六面體（立方體）也是利用一張色紙摺成，由於六個面必須摺在同一個面上緊緊相依，因此很困難，被我歸類於難度等級C。但最困難的是正十二面體，因為每個面都是五角形，光是製作摺線展開圖就相當複雜，而且組裝更麻煩，必須耗費數小時。

我們這次要做的正二十面體，並沒有比正十二面體簡單多少，即使集中精神摺，至少也要花上一個小時！

◆ 關鍵在於精確度

受限於色紙寬度，我們先摺一個大正三角形，正四面體是將大正三角形分成兩段，摺六個小正三角形，色紙正面面積的利用率是六分之四，低於七成；正八面體則是分成三段，每段各有五個小正三角形，總共是十五個，超過五成的面積利用率。

由此可見，多面體的面數越多，面積利用率越低，因此想要做出正二十面體，必須做超過二十個小正三角形。將大正三角形分成四段，每段做七個小正三角形，總計二十八個小正三角形，但這樣還不夠，因此，這次我們只好分成五段。

我們將大正三角形分成五段，並不會使用任何具有刻度的尺規工具，而是使用本人發明的振子式奇數等分法。摺好五段，每段再摺九個小正三角形，即可利用摺線做出四十五個小正三角形，其中有二十個會成為正二十面體的面，色紙面積利用率約四成。

雖然正二十面體與之前做的都是幾何圖形摺紙，但是要做出正二十面體這麼複雜的圖形，分成五段的寬度與60°角的精準度等，都會對作品的完成度產生很大的影響。正確地製作出摺線展開圖，這個作品就算成功了八成，正所謂「關鍵在於精確度」。那麼，我們開始製作正二十面體的摺線展開圖吧！

◆ 從目測開始！

摺正二十面體，我們不用每邊15cm的一般色紙，而是使用大張、有點硬的色紙，每邊24cm的雙面色紙滿適合的。雖然我們用了雙面色紙，但是成品還是只有一種顏色。為了使摺線又細又直，我們通常會用指甲壓實摺線，但是這次使用的紙比較大張、摺線又多，手指可能會痛，因此可以用堅硬的塑膠片來代替，但不要用金屬材質的東西，以免造成色紙損傷。

接下來，我們就以每邊24cm的色紙進行摺紙吧。

一開始先在色紙上側邊摺一個約1.5cm的寬度（圖2A）。前一節我才強調過「關鍵在於精確度」吧，所以各位或許會很驚訝地想：「竟然一開始就用目測，這樣不行吧！」但是沒關係唷！因為接下來會自動修正這裡的不精確。

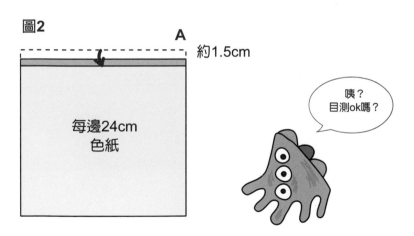

圖2

根據製作正四、正八面體的經驗，在正方形色紙上摺出一個最大的正三角形，會剩下多餘的部分。這個多餘的部分大約是3.2cm（24cm – tan60°×12cm ≒ 3.2154cm），由於我想把這個多餘部分平均分配在色紙上下兩端，因此一半就是1.6cm，因此我才會說1.5cm左右。

由於這個多餘的部分對正二十面體沒有影響，所以如果上下稍微不一樣大也沒關係。

將上側邊沿著距離邊緣約1.5cm的線往下摺，接著保持這個狀態使用Z型尺，做出60°角（**圖2B**、**圖2B'**）。左右側皆使用Z型尺，角度會更正確。接著，利用左右兩條60°斜線末端連起來的橫線，將下側多餘部分往上摺（**圖2C**）。

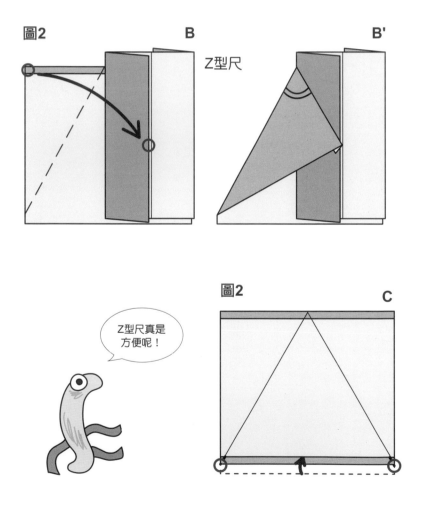

接著輪到振子式奇數等分法上場。我們要利用振子式奇數等分法，摺出可將長方形等分成五段的摺線圖。先將色紙翻過來，在左側邊中心點做一個小記號。想像左側邊中心點與右上角有一條連結的直線，然後在這條直線與右邊的60°斜線的交叉點，再做一個記號（**圖2D**）。這個交叉點就是五等分點，可以將方形分成縱長1：4、橫長3：2（**圖2D'**）。因為縱長交叉點的上部為1，下部為4，因此我們將交叉點下部對摺（下頁**圖2E**），再對摺，即可摺出四條橫摺線，包括通過交叉點的摺線，就完成五等分的摺線了（下頁**圖2F**）。

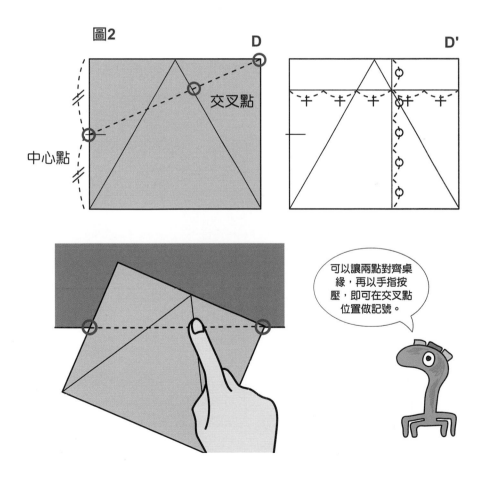

109

圖2

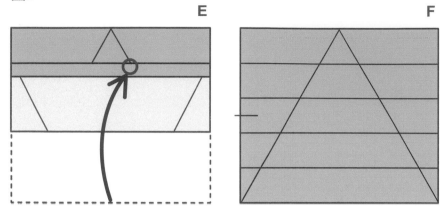

E   F

這時，平行摺線完成了，不過還是必須隨時確認平行摺線的左右側是否真的平行。這個奇數等分法適用於所有長方形與正方形，由上側邊中心點拉出斜線的方法很簡單，亦適用於所有的奇數面體。若需額外解說，請參考拙作《摺紙數學①》。

現在這張色紙上包含我們利用目測摺好的摺線，總共有六條水平摺線。從上而下依序命名為第1條線、第2條線……第6條線（圖2G）。接下來，我們要摺出60°斜線的平行線。首先，將左邊的60°斜線以山摺法捏起，再平行移動。將第1條線移動至第2條線上，壓實摺線；將第2條線移動至第3條線上，壓實摺線。這麼一來，即可將每一段的五等分平行線疊向下一段的平行線（下頁圖2H）。

圖2   G

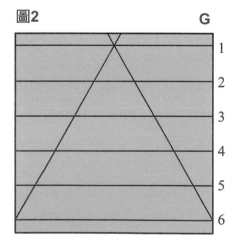

接著，再將第2條線疊向下一段平行線（圖2I）。

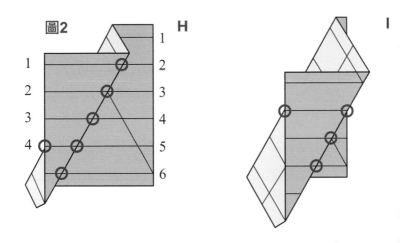

右邊60°斜線以相同方法摺疊。完成後，打開來確認，將原本未完成的短斜線一一摺好，就會完成一張三角格紙（圖2J）！

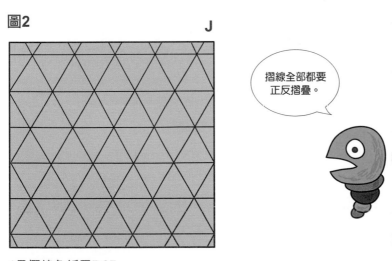

摺線全部都要
正反摺疊。

*見摺線色紙冊P.25

確認每一段都有九個小正三角形，五段總共有四十五個小正三角形！

◆ 製作五角斗笠

正四面體的一個頂點由三個面交集而成，正八面體則由四個。那麼正二十面體是……你猜對了嗎？是五個。由於每個面都是正三角形，因此一個頂點若交集了六個正三角形，即會變成一個平面（因為6×60°＝360°）。剛剛摺好的三角格紙，從任何一個交點看下去都是由六個正三角形交集在一起（**圖3A**）。將六個的其中一個正三角形沿中線谷摺（**圖3B**）藏起來，即會形成斗笠狀（**圖3C**）。從上方看來，則像是一個五角形，於是我們稱為**五角斗笠**。正二十面體的製作方法，就是重覆進行這種五角斗笠的製作步驟。

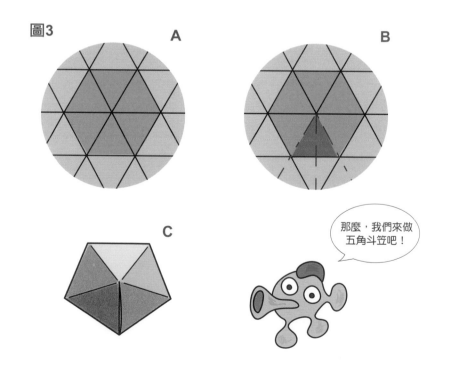

圖3

那麼，我們來做五角斗笠吧！

在下面這張做好記號的三角格紙中（**圖3D**），先將畫好虛線的三角形摺好。這些部位等一下都會變成谷摺。

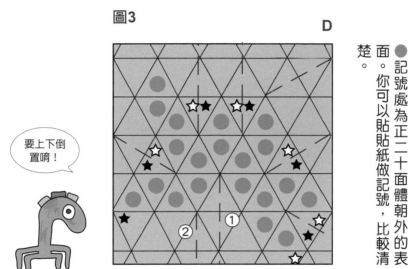

圖3

D

●記號處為正二十面體朝外的表面。你可以貼貼紙做記號，比較清楚。

要上下倒置唷！

這時候還有一個東西要事先準備。因為等一下製作立體作品時，總是會有雙手無法支援的時候，但是又有好幾處必須先虛摺。所以，我們可以剪一段長2.5cm寬1.5cm的雙面膠，貼在上圖畫有虛線的三角形，讓**圖3D**的☆與★黏在一起（雙面膠貼單側即可）。

從①的部分開始谷摺，接著摺②，讓☆靠近★貼合（下頁**圖3E**），利用雙面膠黏住（**圖3F**）。使用雙面膠時，請沿著三角形的形狀仔細貼，不要讓膠帶露出來。

經過這一連串的作業，有三個頂點構成五角斗笠了（下頁圖3G）！接著只要利用雙面膠將☆與★黏合，即可形成五角斗笠（摺疊順序不必特別在意，請從容易處理的地方開始）。●記號處為正二十面體朝外的面，因此把沒有記號的地方摺到內側即可。

圖3

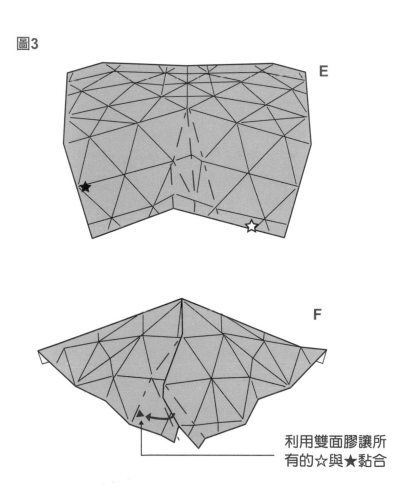

E

F

利用雙面膠讓所有的☆與★黏合

正二十面體有十二個頂點，把每個頂點都變成五角斗笠，最後會剩下一個小正三角形，把這個小正三角形插入內側（**圖3H**），正二十面體就完成了！

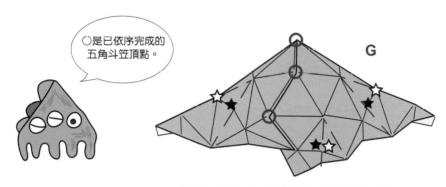

○是已依序完成的五角斗笠頂點。

G

多餘的部分（不用在意製作過程中的形狀）通通往內摺

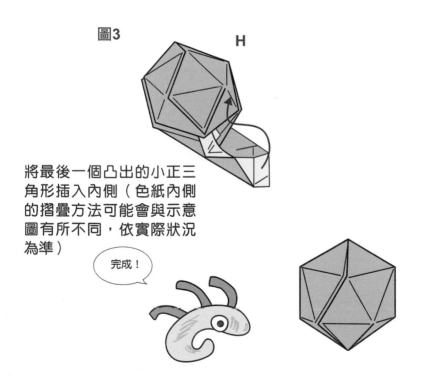

圖3

H

將最後一個凸出的小正三角形插入內側（色紙內側的摺疊方法可能會與示意圖有所不同，依實際狀況為準）

完成！

專欄

正十二面體

　　這篇文章並不是要介紹如何製作設計圖或是組裝。前面提及的五種正多面體中，最困難的是正十二面體。

　　由於正十二面體的每個面都是五角形，製圖時必須依照黃金比例，且必須摺出能夠做出十二個面的輔助線，摺的過程往往要耗費好幾個小時。因此，如果想要完成一個正十二面體，將需要一整個工作天。

　　摺正十二面體，必須透過一些很難用圖片與照片表示的特殊技巧，是個相當需要熱情的作品，就我所知，實際上能夠用一張色紙摺出來的人，國內外屈指可數。

　　製作方法相當困難，我直接讓各位欣賞一下正十二面體的摺線展開圖（設計圖）吧！

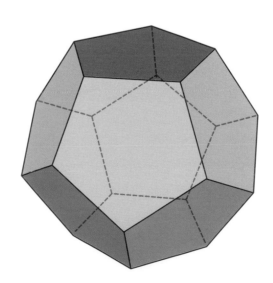

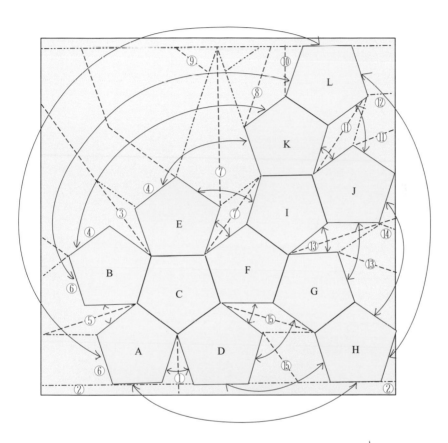

——— 稜（邊，山摺）

- - - - 谷摺　　　　　A-L 是正面記號

-·-·-· 山摺　　　　　○內數字為摺紙步驟

必須貼合的邊

* 見摺線色紙冊 P.27

第 **11** 章　來摺正七角形吧！

◆ 不太熟悉的正七角形

　　上一章我們完成了立體圖形——正二十面體，現在讓我們回到平面圖形。我們來做做看日常生活中不常看到的**正七角形**（**圖1**）。話說回來，對英國人來說，或許這反而是個相當常見的圖形。因為英國當地流通的貨幣，有兩種即是正七角形這種有稜有角的設計。

圖1

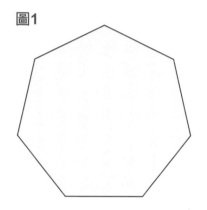

圖2

英國的20便士硬幣（左）與50便士硬幣（右）

圖片來源：Wikipedia

118

　　上頁左側照片為20便士（Pence），右側照片為50便士。它們的角度看起來雖然像圓的，但是其實兩者都是正七角形（**圖2**）。

　　正七角形是無法繪製的圖形。我所謂的繪製，是指使用沒有刻度的尺規畫出直線，以及在有限次數下，用圓規描繪出幾何圖形。然而，如果能夠在尺規上做記號，還是可以繪製出正七角形。應用這個方法，即可利用兩張色紙製作正七角形的摺線展開圖，由於這有點複雜，在此僅介紹可以簡單取得角度近似值、在色紙上製作的「滿版正七角形」，以及「領帶型正七角形」。

◆ 將平角七等分，製作正七角形

　　在這個步驟中，我們要把色紙上側邊中心點作為頂點，在色紙內側摺出正七角形摺線（**圖3A**）。

圖3

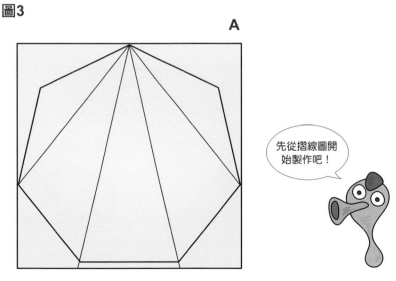

A

先從摺線圖開始製作吧！

*見摺線色紙冊P.29

首先，在色紙下側邊中心點做一個小記號（以下稱記號，**圖3B**），
再將右上角往下側邊中心點對齊，於右側邊做一個記號（**圖3C**）。

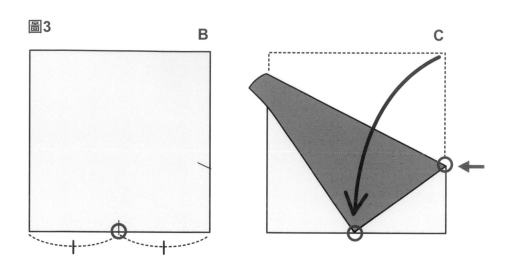

圖3

接著，在上側邊中心點做記號，與剛剛的右側邊記號連成一線摺入
（**圖3D**）。

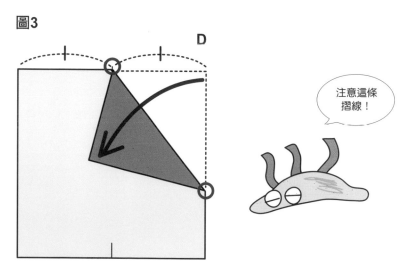

圖3

注意這條
摺線！

這條摺線將色紙的兩邊切成4:5的比例，形成一個直角三角形。以工程計算機計算反正切函數，可發現**a**的角度約為51.3402°，近似於可以將平角七等分的51.4286°（近似度99.8%）。以這條斜線為基礎（**圖3E**、**3F**）進行摺疊，即可藉由上側邊中心點將平角分成七等分（**圖3G**）。

圖3

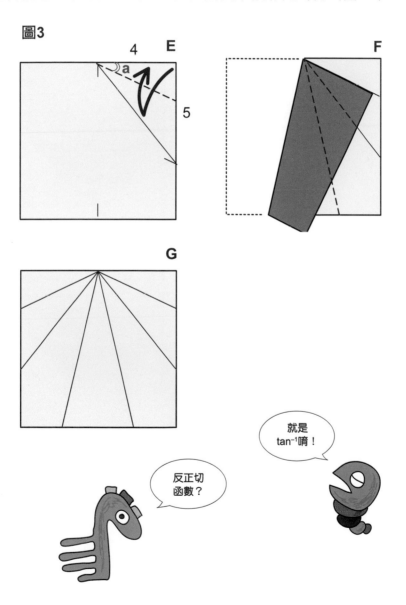

雖然我們已經從平角的七等分線進入正七角形的製作步驟，不過圖**3H～3L**的步驟只展示了左或右的其中一邊摺法，另一邊以相同方式依序完成即可（119頁圖**3A**）。

圖3

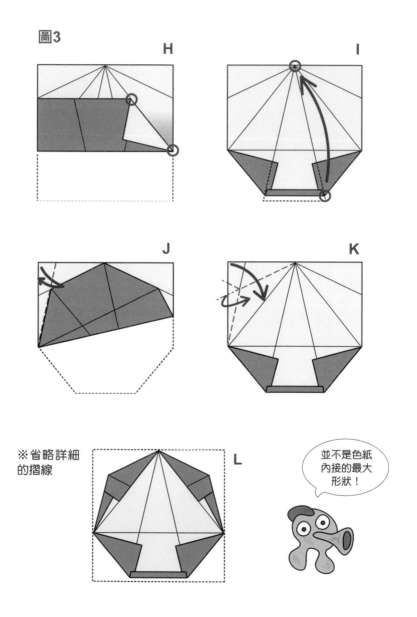

H

I

J

K

※省略詳細的摺線

L

並不是色紙內接的最大形狀！

　　然而，摺好的正七角形，看起來幾乎佔滿了整張正方形色紙，實際上卻不是色紙內接的最大正七角形！正七角形的七個頂點中，與正方形接觸的點僅有三個，不到半數。若正方形的對角線與內接正七角形的中線一致，會有四個頂點與正方形接觸，那才是內接最大的正七角形（**圖4**）。這樣的製作精確度雖然只接近近似值，但由於步驟非常繁複，因此本書不介紹「滿版正七角形」的詳細作法。

圖4

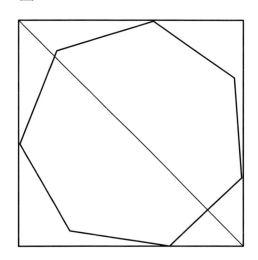

123

◆ 來摺「領帶型正七角形」

本節的主題是「領帶型正七角形」。反覆摺疊到最後，插入領帶的部分即可完成作品，因此或許多加練習，以後你會把領帶繫得更好。與夾式領帶不同，這裡是要「繫」領帶。我們分為兩個階段：第一階段是製作角度與摺線展開圖，第二階段是組裝！

●第一階段

我們必須先找到假設色紙每邊長為1，則二十分之七在哪裡（圖5A、5B）。找出上側邊中心點，再於四分之一處做記號。將右下角貼合（靠近）這個四分之一記號。這時還不要摺到色紙，由於色紙的整個下半部會同時移動，所以要對齊好再按壓一下色紙，接著用鉛筆（或指甲）於左上方的交叉點做一個記號，再將色紙攤開、恢復原狀。依芳賀第一定理，這個記號會在上側邊的五分之二處，記號以下的部分則為五分之三。

接著，我們要找出從這個記號到左下角之間的中心點。

圖5

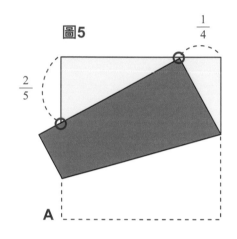

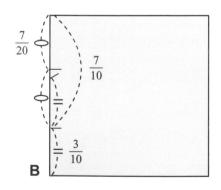

從這個中心點至左下角的距離是 $\frac{3}{5}$ 的一半，也就是 $\frac{3}{10}$。反之，$\frac{3}{10}$ 上方的距離即是 $\frac{7}{10}$。如果在 $\frac{7}{10}$ 中間做一個中心點記號，就會變成 $\frac{7}{20}$。

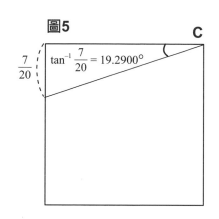

圖5

將這個 $\frac{7}{20}$ 與右上角連接出一條線，且把左上角沿此線往下摺，會形成一個細長的直角三角形，$\tan^{-1}\frac{7}{20} = 19.2900°$（圖5C）。附帶一提，這個角度與45°減 $\frac{180}{7}$ 得到19.2857°的精準值非常接近（誤差0.02%）。

接著，在色紙上摺出對角線，對角線與直角三角形斜邊會有一個交叉點，讓色紙左下角與此交叉點連出一條線，再沿此線摺出左側的直角三角形（圖5D）。接著，將色紙左上角往右下摺，使這三條摺線的交叉點出現另一條摺線，此處要進行正反摺疊喔（圖5E）。

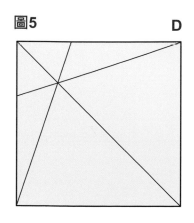

圖5　D

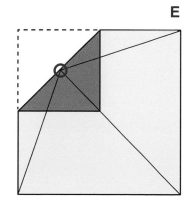

E

此正反摺疊所完成的平角，要進行類似121頁七等分的步驟（圖5F、5G）。在這條對角線的兩側進行七等分，再全部攤開（圖5H）。近似於放射狀的摺線看起來相當複雜，所以我們將兩側的七等分線，以順時針方向依序編號吧！

圖5

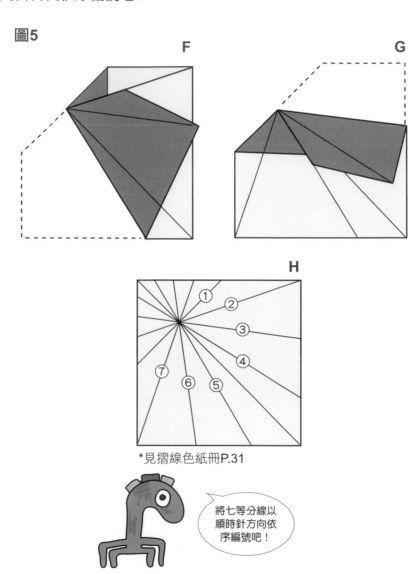

*見摺線色紙冊P.31

將七等分線以順時針方向依序編號吧！

●第二階段

　　沿著③線與⑥線下側的連結線（⑧線），將下半部往上摺（**圖6A**），再往上摺一次，讓④線與⑤線的摺疊切口剛好對準③線與⑥線。我們將此時的摺線設為⑨線（**圖6B**）。

圖6

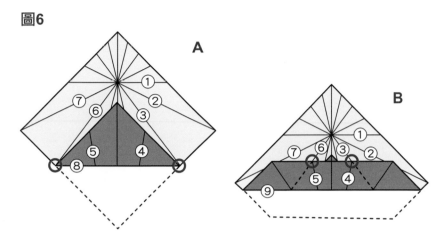

　　在此狀態下，沿著③線往左下摺，有多層色紙重疊的部分也要確實摺好（**圖6C**）。接著將對角線的另一側（⑥線）也以此方式摺疊好，最後將色紙攤開，回到僅摺疊⑧線的**圖6A**狀態。

圖6

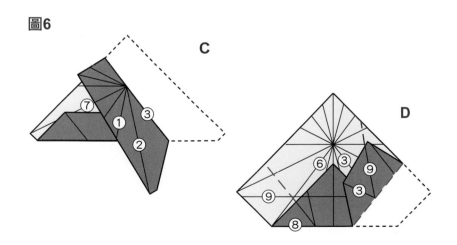

然後，沿著剛剛做出的摺線往上摺（上頁**圖6D**的綠虛線），另一側也沿著綠虛線往上摺。

接著，沿⑨線往內摺（**圖6E**）。左右都請進行相同步驟。

此時，左右兩側會各有一個三角形（右邊的三角形即**圖6E**的**a**），請沿著三角形底邊做記號，如**圖6E**、**E'**的虛線。然後再一次攤開成**圖6A**的狀態，沿著這個記號所延伸的線，把色紙的角往內摺入（**圖6E'**），重疊時即會出現間隙（領帶前端的插入口）。

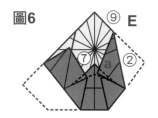

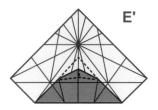

接著再回到**圖6E**，這次將上半部沿著②線朝你自己的方向摺下。把■的部分摺成領帶狀，虛線處谷摺（**圖6F**、**6G**、**H**）。

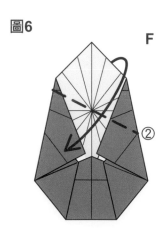

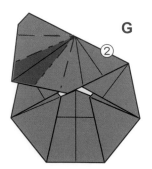

圖6

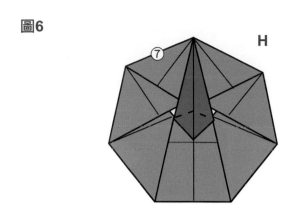

然後，將領帶前端插入間隙，即完成「領帶型正七角形」（圖6I）。

圖6

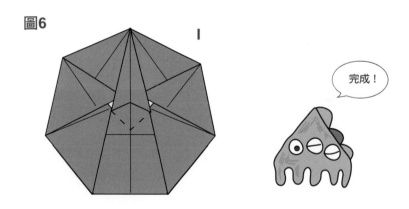

完成！

這個作品外觀上看得見的摺線、重疊線都是正七角形對角線的一部分。為此，我特地把領袋的插入口做成山的形狀，使插入口的邊緣也成為對角線的一部分。只有正中央的線不是對角線，但它是摺疊正方形對角線的必要基準線，不可或缺呢！

第12章　來摺彩虹元件吧！

◆ 一張色紙為一個彩虹元件

　　這次我們不只用一張色紙，而是要利用好幾張色紙，享受組合的樂趣。在組合摺紙方面，我們經常聽到「薗部式摺紙」與「笠原式摺紙」。通常一張色紙只會露出一種顏色，但是本章要介紹的彩虹式摺紙，紙背面的顏色也會露出來，因此請準備雙面都有顏色的色紙。

　　摺紙一開始的步驟通常是先把色紙縱向（或橫向）摺成長方形，或是摺對角線使色紙變成三角形。不過，這次的摺紙步驟比較不一樣。

◆ 彩虹元件的摺法

　　首先在色紙上側邊與下側邊分別做出中心點記號（**圖1A**）。方法是讓左右兩端貼合，手指沿著色紙邊緣，看似要將色紙壓平的樣子，稍微用力按壓即可做出中心點記號。請沿著上側邊中心點記號與左下角所連成的線摺入色紙（**圖1B**）。一般不會採用這種讓色紙邊緣與角連成線的摺紙方式，因為實際做起來有點難度，但習慣了就不會覺得困難了。

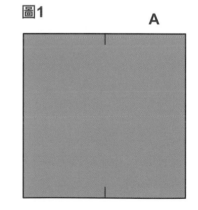

圖1　A

不要一開始就用力摺，也不要直接用手指壓平摺線，祕訣是要讓整個摺線慢慢地壓平。

讓色紙順時針倒轉180°上下顛倒，依照剛剛的方式，左下角與此中心點連接成一條線摺入色紙（圖1C），接著利用指甲等堅硬物確實將摺線壓平，再將最先摺起的地方打開，貼齊剛才摺下的三角形下緣摺好（圖1D），這些動作都要正反摺疊喔。

圖1

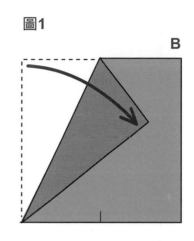

B

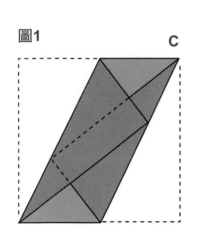

圖1

C

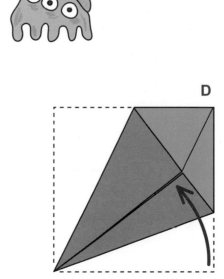

利用指甲等堅硬物確實摺好吧！

D

接著再將色紙完全攤開，順時針轉180°，再做一次相同動作，再攤開成正方形。這時已經摺好了四條摺線（**圖1E**）！這是一般摺紙不太常見的摺法。

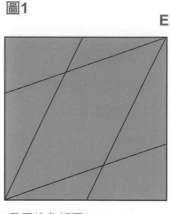

圖1

E

*見摺線色紙冊P.33～43

那麼，我們再將右側的摺線摺入（**圖1F**）。並且將剛剛已經正反摺疊過的部分，做出中間的谷摺線（**圖1F**綠色虛線），沿著下方摺線摺（**圖1G**紅虛線），中間凸起來的部分則小心壓平（**圖1G**）。然後，將色紙順時針轉180°，以相同方法摺疊（下頁**圖1H**）。再將上下的三角部分朝中央正方形部分對齊摺疊（下頁**圖1I**、**J**）。

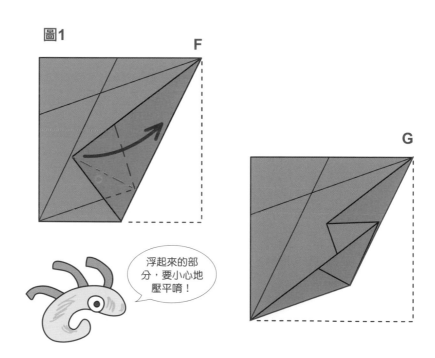

圖1

F

G

浮起來的部分，要小心地壓平唷！

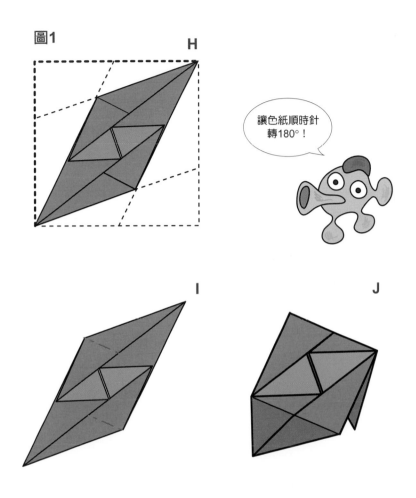

圖1

H

讓色紙順時針
轉180°！

I

J

　　圖1I 已經有一半的摺線痕跡（綠色虛線），請將這兩條摺線延伸出去，再沿著此摺線把三角形部分摺入。正反摺疊這兩條摺線，即可完成一個彩虹元件。必須特別注意的是，這種方法可製成兩種彩虹元件，分為右上型與左上型（對稱型），兩者露出內側顏色的菱形，傾斜方向不同，你要讓每一個彩虹元件的方向都一致。

◆ 用一張色紙摺正方形

　　接著，利用一個彩虹元件，摺出一張正方形的信紙吧！為了方便說明，我們將彩虹元件上下的三角形稱為「腳」，腳與中央正方形連接的部分稱為「間隙」，中央正方形上有兩種顏色、可以左右擺動的部分稱為「翅膀」，翅膀上的雙層部分稱為「摺口」（圖2）。

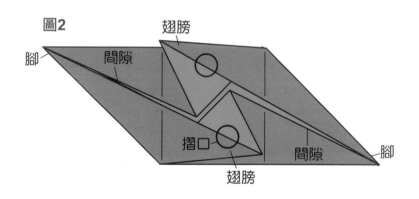

　　正方形信紙摺法是把兩邊的腳放在翅膀上，但是有兩種固定方法。一種方法是將腳摺到翅膀上，直接將腳的前端插入摺口（圖3A）；另一種方法的腳也是要摺到翅膀上（圖3B），但是要讓腳在翅膀上正反**摺疊，再把翅膀插入間隙（圖3C）**，另一邊的翅膀也以相同步驟插入**間隙，就會成為正面僅有一條對角線的信紙（圖3D）。**

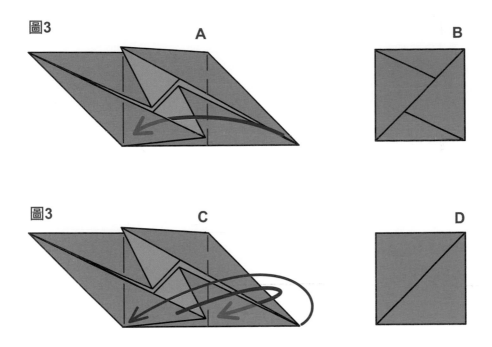

◆ 為什麼要稱為「彩虹」呢？

　　彩虹元件與薗部式或是笠原式摺法的主要元件一樣，中央都是正方形，並且從兩端以對角線將正方形切成兩個三角形（**圖3D**）。由於我們的彩虹元件正方形有摺口可以插入三角形的腳，因此可以組合多個元件，做出立體形狀。也就是說，由於我們的彩虹元件擁有薗部式與笠原式元件所沒有的間隙、翅膀、摺口，所以可以做到各種的組合方式。

　　基本的組合方式是將一個元件的腳穿到對向邊另一個元件的翅膀下方，並且插入間隙。將翅膀插入腳的間隙（**圖4B**）會形成雙重鎖定的狀態。利用這種方法組合兩張色紙就可以做成紙牌，三張色紙則可以做出直角等腰三角形六面體（**圖4D**）。但是，使用三張色紙必須將元件的正方形部分，沿著對角線山摺再組合（**圖4A～C**）。如此一來，即可完成直角等腰三角形六面體。

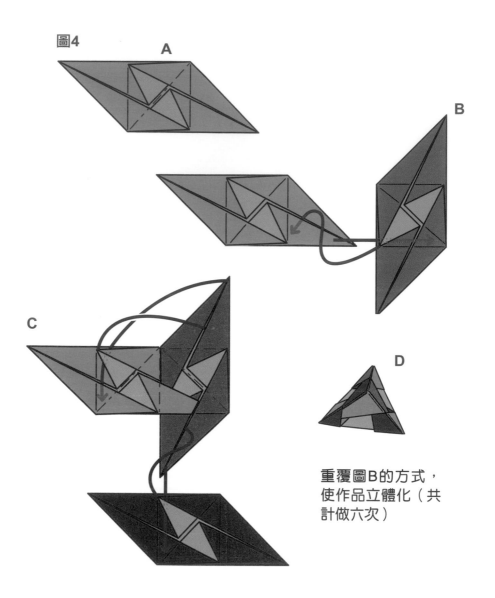

圖4

A

B

C

D

重覆圖B的方式，
使作品立體化（共
計做六次）

　　六張色紙可以做出正方形六面體（立方體），也就是骰子的形狀
（圖5）。這六張色紙可以都使用不同的顏色，所以利用基本的組裝方
式即可玩出七種色彩變化。

這種摺法可以產生七種色彩變化，猶如七色的彩虹，因此笠原邦彥先生即以「彩虹元件」為此摺法命名。如果再加上一些變化，例如加工翅膀的摺法，即可增加更多變化。

圖5

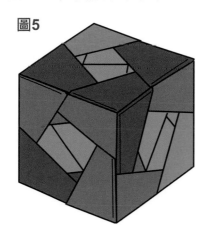

將六片彩虹元件中央的正方形部分，組合成骰子狀（不需進行圖4A的步驟）

喔！是骰子耶！

增加彩虹元件的數量，不只可以製作多面體，也可以讓你享受到不同的樂趣。有趣的是，如果將彩虹元件正反面翻轉過來，將雙重鎖定的部分變到裡面（內側），即可成為一個形狀完全不變，但顏色卻不同的立方體（圖6）。最後的雙重鎖定組裝，看似有點困難，但其實只要把腳插到立體形狀內部即可。

圖6

直角等腰
三角形六面體

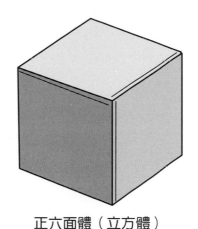

正六面體（立方體）

第13章 來摺正八角形吧！

◆ 乍看簡單，實則困難

「如果只是要摺一個八角形，那就簡單了。只要將色紙的四個角摺起來……」

我當初的想法就是如此輕率，但是我立刻發現自己錯了。摺角的邊長如果沒辦法與剩餘的邊長相同，就不會摺出**正八角形**，會是凹凸不平的八角形。製作正八角形的色紙，每一邊必須分割為$1:\sqrt{2}:1$（如下圖），是非常麻煩的一件事！

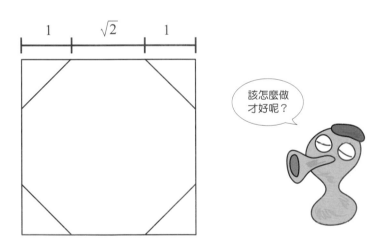

該怎麼做才好呢？

「對了！將中心角分成八等分就好了呀！」我產生了這樣的想法，便將色紙縱向、橫向對摺，再摺出兩條對角線，也就是摺出兩個三角形。這麼做即可將中心角分成八等分的45°角（**下頁的上圖**）。不過，即便如此，我還是不知道摺角的大小。

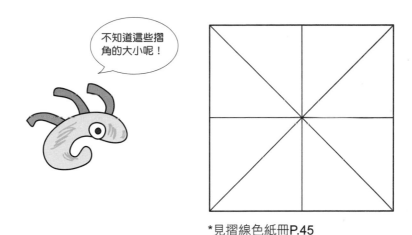

*見摺線色紙冊P.45

　　正確解答如下。在色紙上摺出一條橫向中線以及一條對角線（圖
1A），再將這兩條線重疊在一起摺好（**圖1B**），將超出的部分往前或
是往後彎摺（下頁**圖1C**），這時候再將色紙攤開，不就出現一個正八
角形了嗎？（下頁**圖1D**）

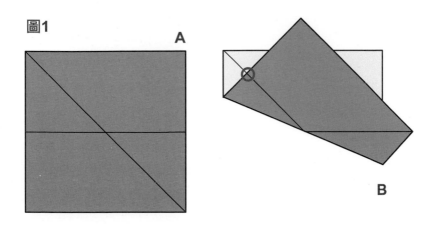

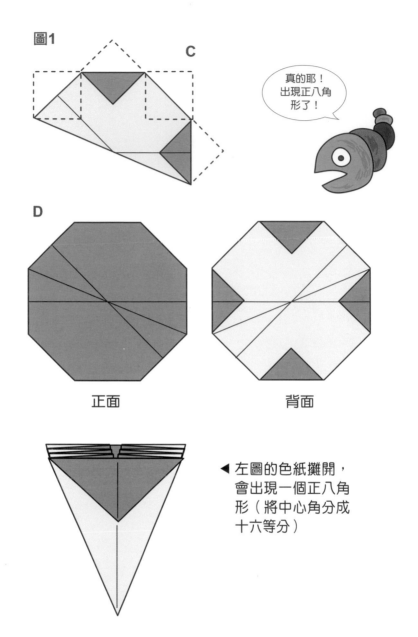

圖1

C

真的耶！
出現正八角
形了！

D

正面

背面

◀ 左圖的色紙攤開，
會出現一個正八角
形（將中心角分成
十六等分）

　　如果覺得這種方法必須將兩條線重疊，有點困難，你可以再準備另
一張相同大小的色紙當作尺規。

說是尺規，其實只是將色紙摺成四摺（**如右邊照片**）。如**圖2**，把尺規對準色紙左上角，並在尺規的另一個角做記號。接著請將尺規放在色紙右下角，同樣在尺規的另一角做記號。接著，將這兩個記號貼合摺好，就會形成與前面**圖1B**相同的摺線圖。

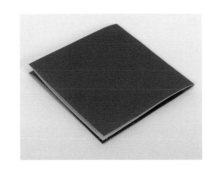

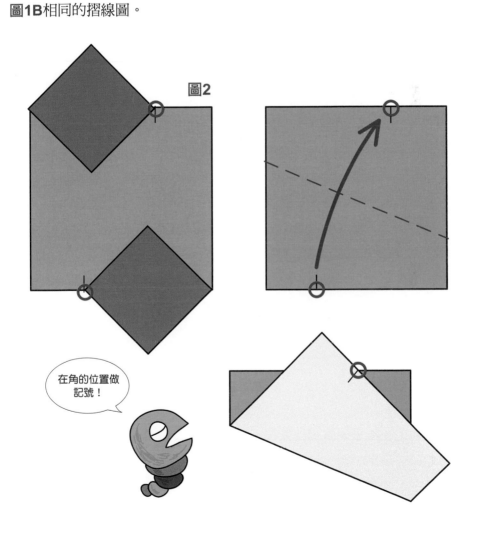

圖2

在角的位置做記號！

◆ 八個邊都由摺線構成的正八角形

　　將一張色紙的四個角摺起來，就可以摺出一個正八角形圖案，但是各位是否會覺得這作品有點不足呢？那是因為這個正八角形的八個邊當中，有四個邊是色紙的邊緣，而不是摺出來的。因此，我又想了一種讓八個邊全部由摺線構成的正八角形。

　　這個摺法非常簡單。以正方形色紙橫向中線與縱向中線為基礎，如圖3A所示，做出二分之一色紙面積的正方形摺線。再將這個正方形外側四個直角等腰三角形的「腰」，貼齊底邊摺入，即可完成各邊皆為摺線的正八角形（圖3B）！

圖3

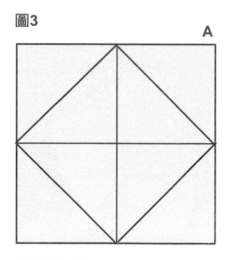

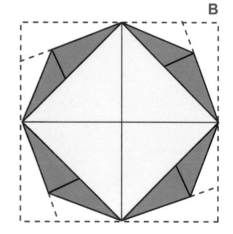

*見摺線色紙冊P.47

　　但是，光是這樣我還是覺得不太夠。既然要摺紙，只有摺邊當然是不夠的，必須完成形狀完整的作品才像話。

◆ 利用重疊包裹做出的正八角形作品

　　現在，我們要在色紙的中心部位摺一個八角形，再把周圍的色紙向上摺起，看看能夠做出哪些形式。首先要使用三角摺法，如**圖4A**所示，我們可以先摺兩條對角線，將色紙的四個角往下摺入，讓色紙各邊對齊對角線摺好（**圖4B**、**4C**），總共摺出八條摺線！色紙的四個角都會有由角延伸出去的摺線與對角線，總共三條摺線，請先數一數確認唷！

圖4

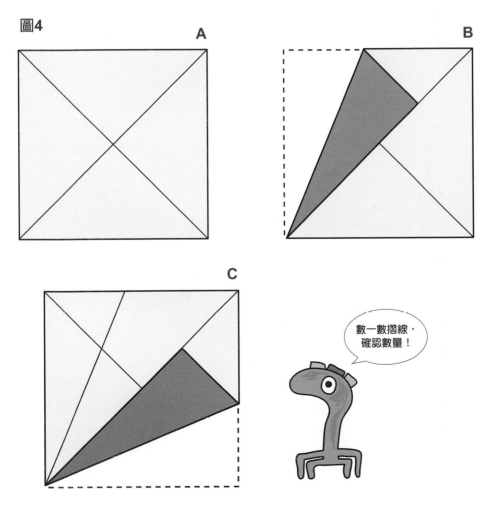

數一數摺線，確認數量！

我們已經在色紙中心部位做好正八角形的摺線展開圖了。可以讓我們摺入周圍色紙、做出正八角形的摺線，已經相當完整（**圖4D**）。

組裝作品時，要從正八角形的八個角摺起，先變成一個四角形。再以順時針方向或逆時針方向，像翅膀一樣依序重疊。記住！最後疊上去的翅膀不可以壓住第三個疊上去的翅膀，必須採用重疊包裹式摺法，將第三個翅膀掀起來，摺入第四個翅膀，再壓回第三個翅膀（**圖5A**）。

圖4

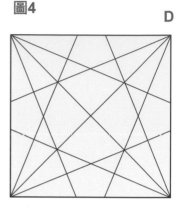

D

*見摺線色紙冊P.49

圖5

A

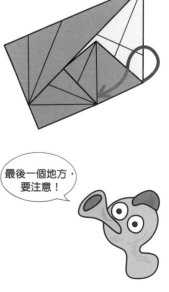

最後一個地方，要注意！

在這個狀態下觀察色紙背面，你會發現正方形四個角都有斜線（圖5B）。將這些斜線谷摺（圖5C～F），使正面翅膀立起來。這個作品俗稱「吹氣紙花（圖6）」，朝中心部位吹氣，即可使紙片旋轉。

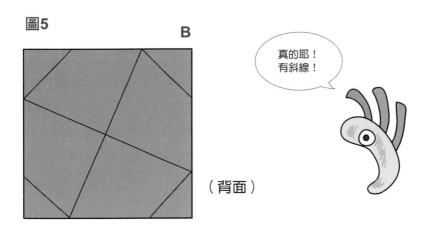

圖5

B

真的耶！
有斜線！

（背面）

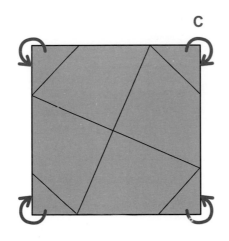

C

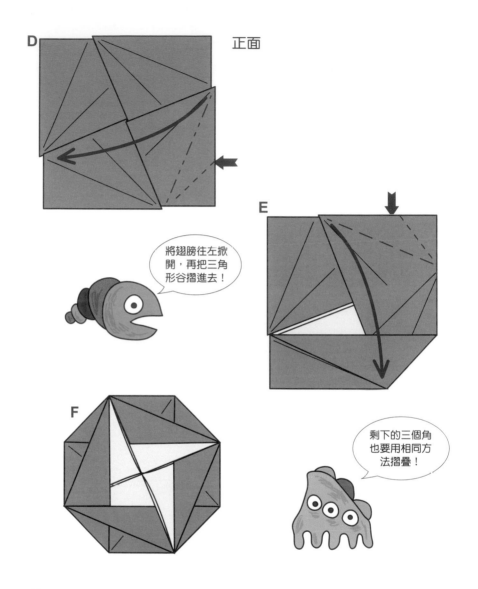

接著，請將翅膀尖端插入鄰近的翅膀根部，露出內側白色的部分
（圖7）。這個作品與傳統摺紙作品「山茶花」（或稱「玫瑰」）形狀
相同，我通常會在研習等場合，建議大家往花蕊吹氣。這時候，請記得
要從花蕊的正上方往正下方吹氣喔。

　如果不這樣做，作品不知道會被吹到哪裡去呢。如果紙花轉不太動，請試著重新摺疊一下底部的縱橫摺線，因為那個交叉點正是紙花的軸心。

圖6

阿部先生做的
「吹氣紙花」

圖7

「吹氣紙花」的祕訣
在於吹氣方法

◆ 享受不同的「吹氣紙花」摺法

　　要完成這個封閉型的「吹氣紙花」，必須花許多工夫處理翅膀，如圖8A～8F所示，可以享受到不同形式變化的樂趣。本書省略各步驟的摺紙圖與解說，各位可以自行製作放射對稱型或左右對稱型的作品。

圖8

A

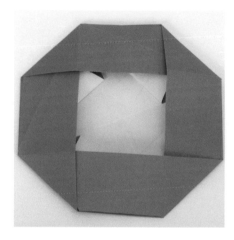

B

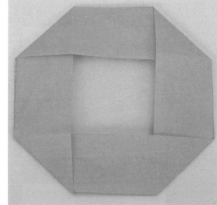

C

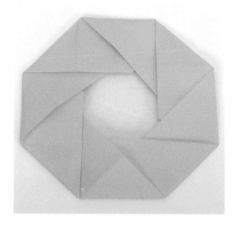

　　此外，各位可以做出中央部位沒有露出內側白色部分的作品，或是有露出內側白色部分的正八角形與正方形。你也可以實驗看看，若翅膀呈放射對稱狀，是否能夠製成「吹氣紙花」！

D

E

F

第14章　來摺金字塔吧！

◆ 金字塔是四角錐五面體

提到金字塔，腦袋就會浮現山形的大型幾何建築物，也就是座落於埃及吉薩大地上大大小小的四角錐（**圖1**）。什麼？金字塔的面不是四角形而是三角形吧？一定有人有這種疑問吧！金字塔是由幾近正方形的底座，接上四個等腰三角形所構成的。頂端尖尖的凸出處稱為「錐」，就是指鑽孔工具的尖端形狀！

圖1

請利用一張色紙做出一個五面體的摺線展開圖，如下頁**圖2**所示。你也可以將原本分成四等分的邊，變成分成三等分。這個作品雖然不需

要用到剪刀，但是必須用膠水或雙面膠將頂端黏起來，所以我總覺得這個摺紙作品有點差強人意（圖3）。

圖2

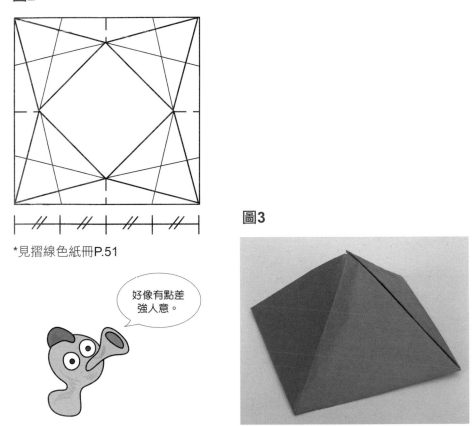

*見摺線色紙冊P.51

好像有點差強人意。

圖3

◆ 正三角形的金字塔

不只是在埃及，金字塔也曾現身於中南美洲的古代遺跡，由於金字塔是建在地面上，所以我們只要做出四個立起的三角形，放在桌上，以桌面取代底部，即可完成看似金字塔的摺紙作品。我們做做看這種正三角形四面金字塔吧！

將色紙摺成兩半，變成橫向的長方形，摺線朝上擺放，於上側邊中心點做一個記號（**圖4A**）。將左上角對齊上側邊的中心點，在下側邊做一個四分之一邊長的記號（**圖4B**）。在15cm的色紙上做一個約1cm的短摺線應該還可以接受吧（因為全部摺好時，若有多餘的摺線會讓人覺得不舒服呢）。

圖4

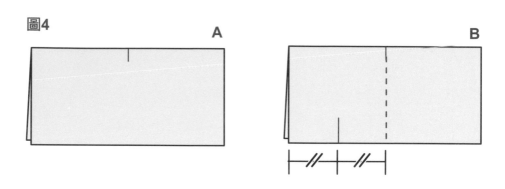

接著，將右上角以上側邊中心點記號為支點，往左下方正反摺疊，右上角必須要靠到四分之一記號的位置（**圖4C**）。接著，將左上角沿著這條摺線往內谷摺（**圖4D**）。如此一來，即可從中心點將平角分成三等分，變成各頂角皆為60°的正三角形（下頁**圖4E**、**4F**）。

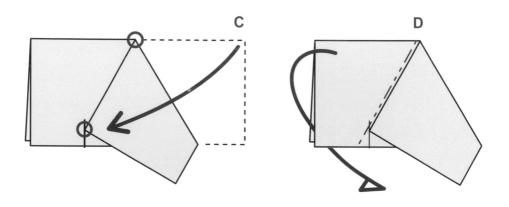

圖4 E

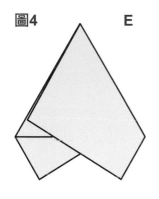

F

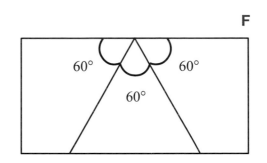

然後，在上側邊的右側中心點做一個記號，再將60°角摺線摺回原位（**圖4G、4H**）。

圖4 G

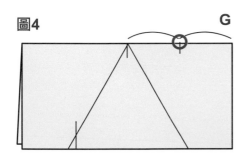

H

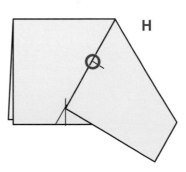

以左上角為支點，將色紙左下角往上摺，好像要連接剛剛所做的四分之一記號一樣（**圖4I**）。

連接四分之一記號！

I

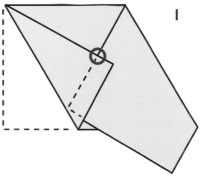

左右都完成相同步驟，重新回到上頁**圖4H**的狀態。沿著下方的平行摺線，將色紙往上摺，使平行摺線延長（**圖4J**、**4K**）。另一側進行相同步驟（**圖4L**、**4M**）。

圖4

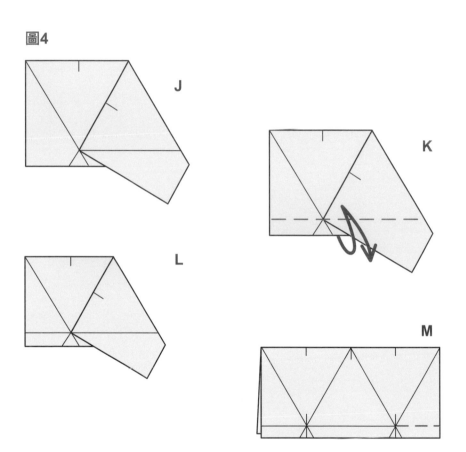

　　完成這個步驟，將色紙全部攤開，再摺一條與平行摺線垂直的中線！接著，將目前為止都山摺的線，全部改以谷摺（下頁**圖4N**）。這樣就完成摺線展開圖了，接下來進行立體組裝吧！

圖4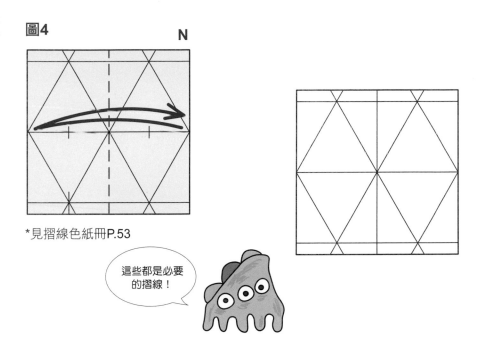

N

*見摺線色紙冊P.53

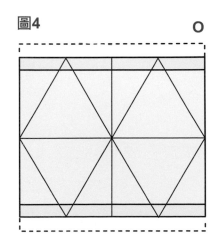

這些都是必要的摺線！

　　從上下兩邊的平行線摺起（圖4O），將下側的中線往前捏起來，向右側倒、底邊貼齊右邊斜線，像是向內谷摺的感覺（圖4P）！使下方的兩個小三角形（a、b）貼合，往內側壓入。

圖4

O

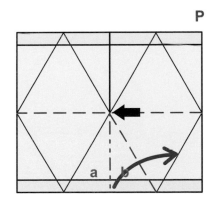

P

另一邊的中線重覆相同步驟，將上頁**圖4N**的菱形改成互相靠在一起的樣子（**圖4Q**），且將菱形的中線改成山摺，把多出來的底部色紙往內部摺，放在桌上，金字塔就完成了。

圖4

Q

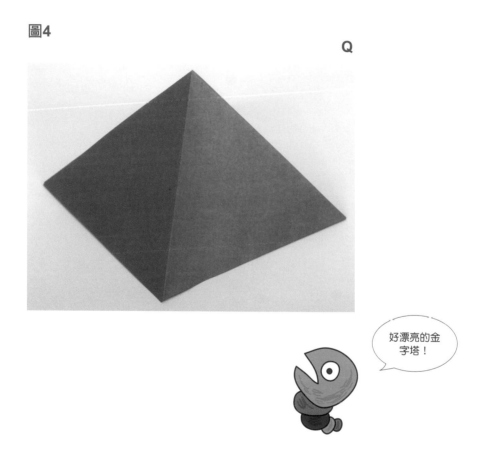

好漂亮的金字塔！

放在桌子表面等平坦處，將底部調整為正方形，使作品穩固站立。

◆ 胡夫金字塔

　　然而，真正的埃及金字塔正面看起來其實不是直立的正三角形，而是斜面。我查閱書籍發現，金字塔斜面的傾斜角度約為52°，我們摺的正三角形傾斜角度是54.74°，比實際金字塔的面陡。所以，我又興起一個念頭，想用摺紙來模仿實際的金字塔！

　　埃及吉薩有名的三座金字塔中，以胡夫（古夫）法老王的金字塔最巨大，高度為137m，底邊為230.38m，傾斜角度為51°52'（51.8667°），據說原本的高度是146m，底邊為232.77m。150頁圖1的三座金字塔中，最右邊的是胡夫法老王金字塔，雖然高度較低，體積卻最大。

圖5

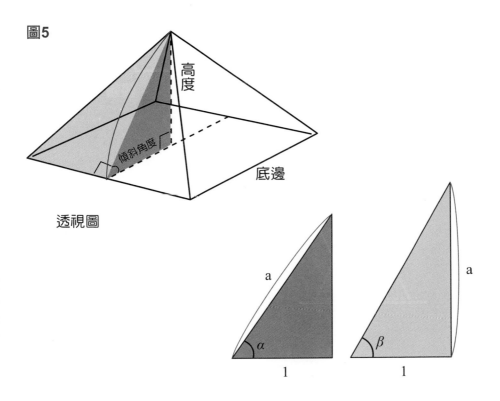

透視圖

我以胡夫法老王的金字塔為目標，試著製作傾斜的等腰三角形底邊，且保持51.87°的傾斜角度（**圖5**）。

將傾斜角度設為 α，底角設為 β，四角錐底邊設為2：

$$\beta = \tan^{-1}\frac{1}{\cos\alpha} = 58.31°$$

因此，等腰三角形的頂角是：

$$180° - 2\beta = 63.39°$$

所以要摺金字塔，我們必須做出四個頂角為63°～64°，底角為58°～58.5°的等腰三角形。

計算雖然有了結果，但還不確定該怎麼摺比較好，不過我已經養成透過理論不斷實驗的習慣了，總之就是不斷地摺、測量角度，以尋找出最佳的方法。就在我幾乎用掉整包家庭號色紙時，腦中突然浮現下頁這種作法。步驟非常簡單。

◆ 胡夫金字塔超簡單摺紙步驟大公開

請見**圖6**的摺紙示範圖。先來看看用這種簡易方法所做的金字塔傾斜角度會是如何。如**圖6④**，做出被色紙兩邊包夾的直角三角形，邊長為1:2。

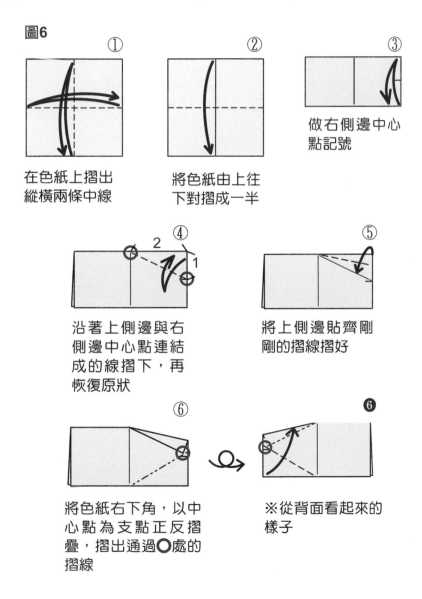

圖6

① 在色紙上摺出縱橫兩條中線

② 將色紙由上往下對摺成一半

③ 做右側邊中心點記號

④ 沿著上側邊與右側邊中心點連結成的線摺下，再恢復原狀

⑤ 將上側邊貼齊剛剛的摺線摺好

⑥ 將色紙右下角，以中心點為支點正反摺疊，摺出通過○處的摺線

❻ ※從背面看起來的樣子

下面⑪的**a**角度為：

$$\tan^{-1}\frac{1}{2} = 26.57°，$$

它的餘角為：

$$90° - 26.57° = 63.43°。$$

⑦

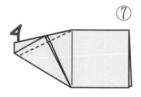

把小三角形打開

⑧

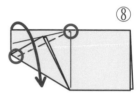

沿著〇延伸出來
的摺線往下摺

⑨

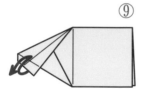

⑩

右側執行與③～⑨相同
的步驟，做完即為⑬的
樣子

⑪

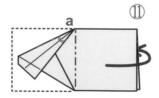

⑫

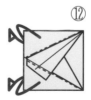

※建議：
也可以將色紙對摺成一半，
沿著前面摺出來的形狀，摺出斜邊。

我們摺出的傾斜角度63.43°，與胡夫法老王的金字塔63.39°，僅有0.07%的差距。

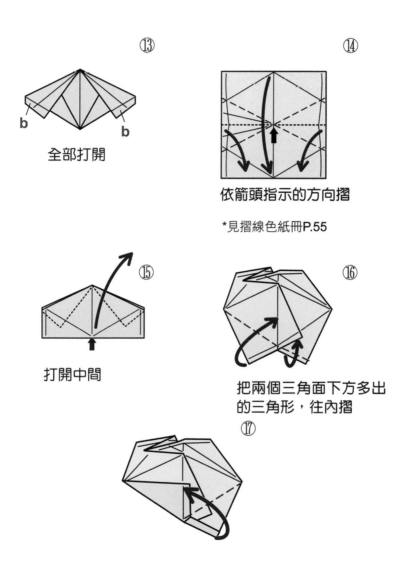

⑬

b　　　**b**

全部打開

⑭

依箭頭指示的方向摺

*見摺線色紙冊P.55

⑮

打開中間

⑯

把兩個三角面下方多出
的三角形，往內摺

⑰

⑱

另一側重覆相同步
驟，變成類似菱形
的形狀

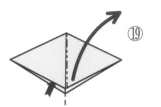⑲

打開，利用上頁⑬的
b，使金字塔的面固定

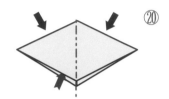⑳

將底邊調整為正方
形，即完成胡夫金
字塔摺紙作品

　　這章的摺疊方法，如果159頁圖6③的記號上下偏移，頂角就會改
變，傾斜角也會因此改變，也就是說，這種摺疊方法可以調整不同角
度，做出不同的金字塔。

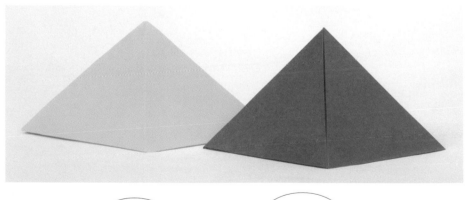

喔！
這是……

是的，就是胡
夫金字塔唷！

第15章 來摺正六面體吧！

◆ 四角形構成的立方體是非常難摺的

　　立方體摺紙作品，也就是正六面體，是大家都很熟悉的形狀吧（圖1）！由於它每個面都是四角形，所以很容易讓人覺得摺起來很簡單！然而，要用一張色紙摺出正六面體，是無法用普通的方法達成的。正六面體的面與面之間沒有間隙，也沒有重疊之處，令人想要摺卻不知如何下手，甚至會產生挫折感啊！

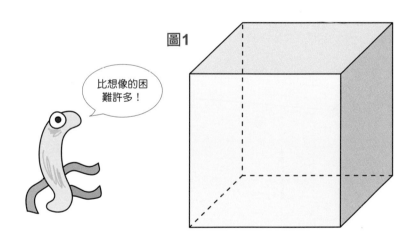

圖1

比想像的困難許多！

　　因此，一開始我先製作「看起來像樣的立方體」。將此初步作品放在桌上，雖然看起來像立方體，實際上它與桌子接觸的底部並不是一個面，而是開啟的，也就是說，我只是做了倒過來放的四角無加蓋紙箱。

◆ 摺一個五面的立方體：無加蓋紙箱！

首先，讓我們來思考一下這個立方體紙箱的摺線展開圖。它是有五個正方形的面、一個開口的假立方體。構思了各式各樣的摺線展開圖後（**圖2**），我考慮到正方形的面，所以採用了放射對稱狀的**圖2C**。因為這個形狀可以使用到最大的色紙面積，構成**圖3**的空間配置。但是，這種摺線展開圖卻有兩個行不通的理由。

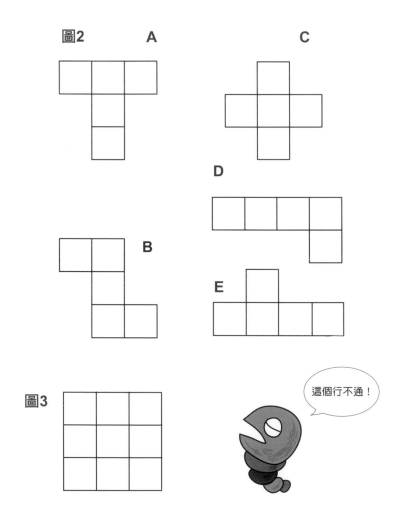

這個行不通！

第一個理由是：如果摺線展開圖的對稱軸與色紙的對稱軸相同，想要將角斜摺成一個紙箱，內側的色紙必須重疊，保持立方體形狀會有所困難。

第二個行不通的理由是：與使用摺線比起來，直接使用色紙邊緣，成品會比較容易歪斜，難以保持直線。

要排除這些問題，必須將摺線展開圖的對稱軸偏離色紙的對稱軸，再製作摺線展開圖。

◆ 五個面與黃金比例的偶遇

由於我還想讓摺線展開圖的製作方法變得更簡單，所以希望摺線展開圖的邊可以剛好延伸到色紙的邊角（**圖4**）。

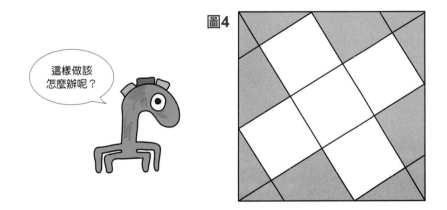

圖4

到底該怎麼摺比較恰當呢？這時候我們必須先簡化圖4的部分內容，利用已做出記號的下頁圖5，求 x 的長度，以便求得圖5的大直角三角形邊長。假設色紙的邊長為1，依勾股定理（畢氏定理）邊長應為 x, 1, $\sqrt{1+x^2}$。

此外，由於此大直角三角形與右上的小直角三角形（●）角度相同，兩者為類似形狀，所以小直角三角形的邊長 n 和 m，與對應邊的相似比，可以用 $n = \dfrac{x(1-x)}{\sqrt{1+x^2}}$，$m = \dfrac{1-x}{\sqrt{1+x^2}}$ 來表示。

圖5

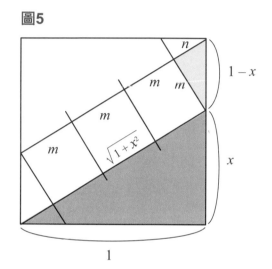

另一方面，這個大三角形的斜邊長度為 $3m + n$，所以會變成：

$$\sqrt{1+x^2} = 3\left(\frac{1-x}{\sqrt{1+x^2}}\right) + \frac{x(1-x)}{\sqrt{1+x^2}}$$

整理成簡單的一元二次方程式即為：

$$x^2 + x - 1 = 0$$

咦？這個方程式好像在哪裡看過耶！正當我感到不可思議時，才發現其實這就是正五角形的對角線中末比，也就是黃金分割（黃金比例）的公式。

這個一元二次方程式無法進行因式分解，如果要用解題公式來解，會變成：

$$x = \frac{\sqrt{5}-1}{2}$$

長度 $x \fallingdotseq 0.618$。為什麼四角紙箱的摺線展開圖會出現黃金比例呢？就是摺紙過程所展現的，數學的不可思議與有趣之處呀。

◆ 黃金比例的處理方法最簡單

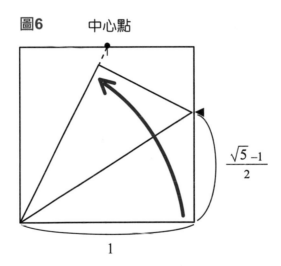

圖6　中心點

$$\frac{\sqrt{5}-1}{2}$$

1

採用黃金比例，即可輕鬆利用色紙來做摺線展開圖（如圖6，在此省略數學分析）。以此為基礎，我做出165頁圖4的摺線圖，而且為了摺成一個紙箱，還必須摺出斜摺線（下頁圖7A），再將周圍的多餘色紙向內摺（下頁圖7B），待四邊都摺入並且互相重疊（下頁圖7C、D），立方體的紙箱就完成了（下頁圖7E）。

依下面的步驟摺好，把作品蓋過來放在桌子上，即完成一個「看起來像樣的立方體」作品（圖7F）。

圖7

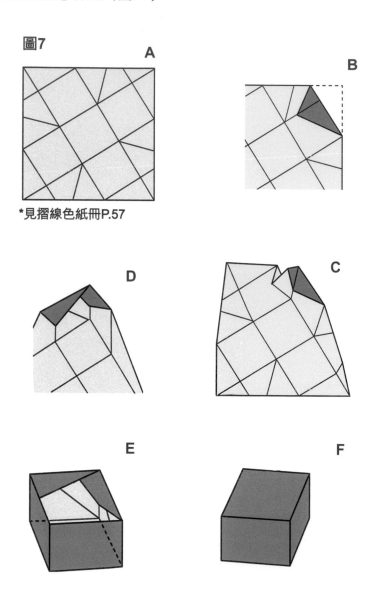

*見摺線色紙冊P.57

◆ 這次毫無驚喜可言

沒想到，我還在為黃金比例的出現讚嘆時，卻發現這個作品其實不是五面。整個作品拿起來左看右看，它都只是一個不折不扣的六面立方體！

這個作品僅有概念上與「看起來像樣的立方體」一致。看起來像樣的立方體各個面都不能有間隙與重疊之處，各個面上不能有橫切的摺線。而且必須是一張完整的正方形色紙所摺成，所以摺線展開圖的對稱軸必須偏離色紙對稱軸，不要直接使用到色紙的邊緣，而是以摺線完成摺邊。要完成這種作品，我們可以從幾種摺線展開圖中，挑出在正方形色紙上，看起來較平衡的立方體摺線（**圖8**）。由摺線展開圖的空間配置可見，正方形延伸出去的摺線會碰到正方形色紙的角。

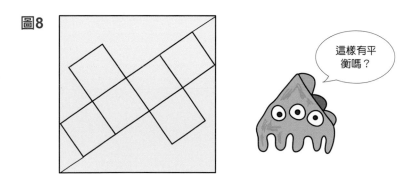

圖8

這樣有平衡嗎？

在這個階段，我曾估計，該從哪個位置開始摺比較恰當，但是並沒有出現黃金比例的那種驚喜。不過，我卻發現了誤差值未達0.4%，可以簡單取得長度基準的方法。這個方法取得的長度雖然只是近似值，但並不會造成太大的差異，而且能夠做出立方體。所以，現在我要向各位介紹這種摺展開圖的製作方法，請看下頁**圖9**。

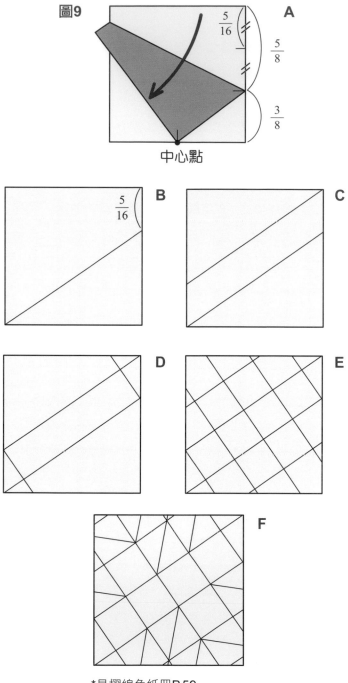

圖9

$\frac{5}{16}$

A

$\frac{5}{8}$

$\frac{3}{8}$

中心點

B

$\frac{5}{16}$

C

D

E

F

*見摺線色紙冊P.59

◆ 依照步驟順序摺紙

　　上頁**圖9**所做的是可做成立體形狀的對角線，以及可沿著對角線角度（45°）摺入的摺線。這個立方體製作方法沒有固定的摺紙步驟，無法繪製步驟圖，只需將斜線山摺，再將紙面向上提起，即可做出紙箱形狀，在紙箱內部仔細摺疊色紙，做出插入口，將形狀調整好即可。我反覆測試了好幾次，仍然無法將這個摺紙步驟固定下來，而且這方法只利用色紙的摩擦力，難以讓形狀穩固，必須在內部黏上雙面膠，才可保持立方體的形狀。

圖10　　　　　　　　　　　　　　　　　　　**A**

如圖所示，要沿著這些摺線摺喔！

祕訣是最後闔起來變成立體形狀時，必須將凸出來的直角三角形插入縫隙（插入口）。如果你想要避免形狀崩解，讓立體形狀更穩固，你可以仔細調整插入口（**圖10A～C**）。

圖10

B

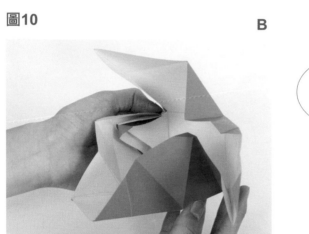

將六個正方形周遭的多餘色紙塞到內部，整理一下。

C

完成了！

第16章 來摺三角面十面體吧！

　　這次我們還是要做立體作品，最好準備硬（厚）一點的色紙，例如雙面色紙。剛開始試做的尺寸建議為24cm或18cm。

◆ 利用正三角形製作多面體

　　每一面皆由大小相同的正三角形所構成的多面體，稱為三角面多面體（deltahedron）。也就是說，我們已經完成的正四面體、正八面體、正二十面體都是屬於三角面多面體。有加上「正」字的三角面多面體只有這三種，其他還有三角面六面體、三角面十面體、三角面十二面體、三角面十四面體、三角面十六面體。但是，為什麼沒有三角面十八面體，或是超過二十面的三角面多面體呢？此外，在總計八種的三角面多面體中，五種沒有加上「正」字的多面體，又稱作詹森多面體（Johnson solid）。這八種三角面多面體都是頂點凸出的凸多面體，如果包含部分頂點凹陷的情況（星形等），就會有更多種三角面多面體喔。

◆ 三角面十面體由正五角形組成

　　接下來我們要製作的三角面十面體（圖1），形狀非常完整，從正上方與正下方看起來（圖2A），輪廓都是正五角形，是讓人感到親切的立體形狀！從橫向看（圖2B）是較扁平的立體形狀，很像算盤珠子，也有人說像吹氣紙花或UFO。

在幾何學裡，三角面十面體其實是將五角錐上下貼合所構成的形狀，因此稱為「雙五角錐」。

圖1

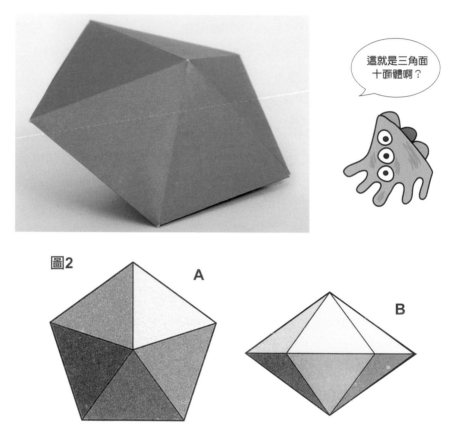

這就是三角面十面體啊？

圖2

A

B

一個頂點由周圍的六個正三角形所拼成，就會構成一個正六角形（圖3），然而這種正六角形只是由平面鋪成的，光是將正三角形拼起來並無法變成立體形狀。因此，我們把其中一個正三角形去掉，變成五個，讓正三角形彼此間沒有縫隙地緊密排列，即可做出斗笠狀的立體五角形，請看112頁圖3的說明（下頁圖4B）。

如果想要從色紙上抽掉一個正三角形，就把一個正三角形沿著中線谷摺，看起來就會像是減掉一個正三角形（**圖4A**）。

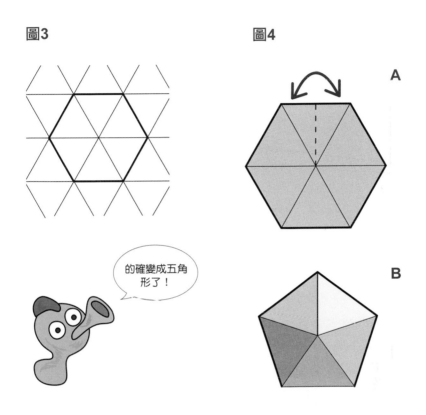

圖3　　　　　　　　　　　　圖4

A

的確變成五角形了！

B

我們來實際摺看看吧！

◆ 慢慢來，重點是要精確！

先在色紙的上側邊與下側邊中心點做出60°角（**圖5**），以此為基礎將色紙分成四段，每段各有五個小正三角形，合計做出二十個小正三角形羅列在色紙上，形成摺線展開圖（**圖6**）。

圖5

圖6

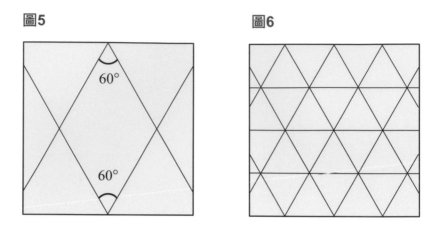

想要在色紙邊的中心點做出60°角,必須將色紙對摺再對摺,也就是製作四分之一的摺線(**圖7A**)。接著,將左上角以中心點為支點摺入。接下來要注意!右上角請直接摺到四分之一的摺線位置(**圖7B**),勿製造多餘摺線。

如果你不希望這個摺線看起來像一條傷痕,請使用第3章所介紹的Z型尺。

圖7　　　　　　　A　　　　　　　　　　　　　　B

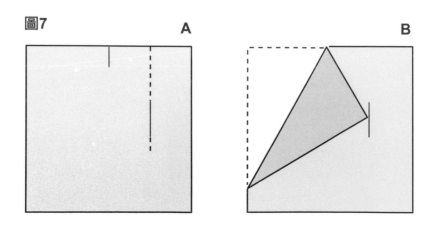

　　接著製作的斜摺線要平行這些60°斜摺線。請將山摺的斜摺線貼合（重疊）前一條斜摺線，再壓實摺線。

　　摺線展開圖是讓作品能夠完美呈現的基礎，因此請不要著急，多多注意摺疊的精確度。有句話說「欲速則不達」，即是在警示眾人，急著比別人更快完成往往會招致失敗。

◆ 斗笠變成陣羽織（短袖和服）？

　　摺好每一段各有五個小正三角形，四段共有二十個小正三角形的摺線展開圖，我們終於要來製作三角面十面體了！

　　首先，為色紙中心正下方的兩個小正三角形摺出中線（**圖8A**）。然後，將色紙中央的點捏起來，朝自己的方向摺，把剛才摺起的中線往內壓入（**圖8B**）。

圖8

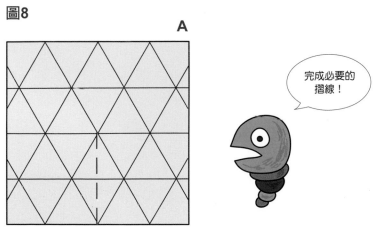

*見摺線色紙冊P.61

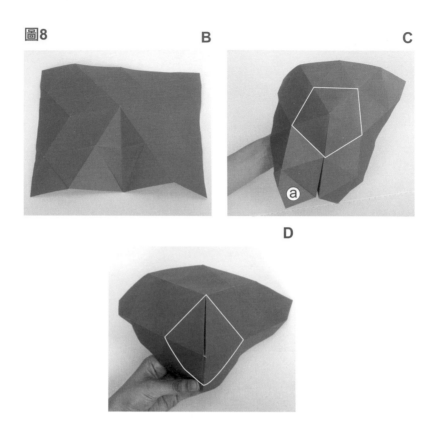

圖8

B

C

ⓐ

D

　　壓入的部分會在**圖8C**ⓐ的內側。在內側壓住剛剛谷摺的ⓐ部分（**圖 8C**），色紙的中央部位就會出現斗笠狀的山形，也就是五角錐。

　　接著看斗笠狀山形的山腳所擴展出去的正六角形，將正六角形下方的兩個小三角形往內谷摺，再使**a**（下頁**圖9③**）往任一邊倒，使**a**於內側與其他谷摺部分重疊固定（**圖8D**）。這樣一來，色紙就會膨起形成一個「頭巾」，頭巾下面則會形成披在肩膀上的「陣羽織（日本短袖和服）」。

　　這個頭巾與陣羽織的接點即是在斗笠狀的頂點，且會形成另一個五角錐，兩個五角錐便可構成一個三角面十面體，最後只要將多出來的色紙插入間隙即可，請看179、180頁的步驟圖。

　　為了不使立體作品凹陷，請注意組裝的摺線必須山摺，一開始可以先用雙面膠黏在內側看不見的地方，會摺得比較輕鬆。

圖9（摺紙步驟圖）

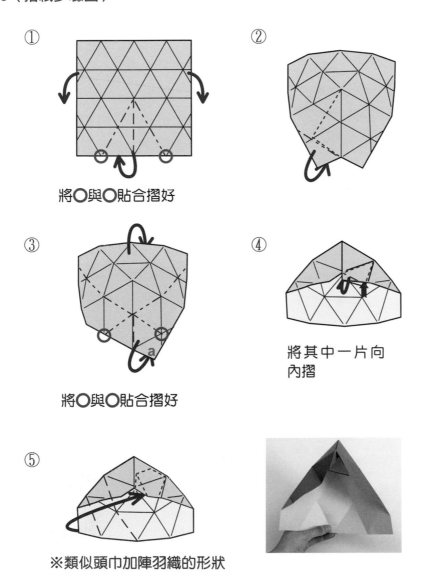

① 將〇與〇貼合摺好

②

③ 將〇與〇貼合摺好

④ 將其中一片向內摺

⑤ ※類似頭巾加陣羽織的形狀

對使用雙面膠有所抗拒的人，可先用手指夾住，小心完成組裝！

順帶一提，等你熟悉了摺紙步驟，你可以使用較小張的紙摺出三角面十面體，再於表面貼上金屬或皮革等材料，即可成為裝飾品。

⑥
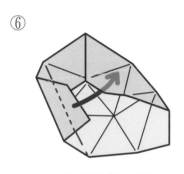

沿虛線摺，插入

⑦
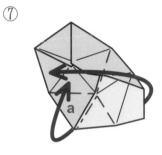

將下方三角形**a**往上摺，再沿右側虛線把色紙右下部分摺入

⑧
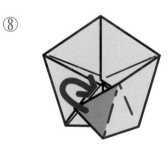

將 ▇▇ 部分摺插入間隙

⑨

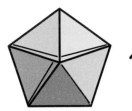 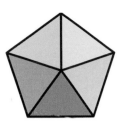

※摺出的立體形
狀會產生陰影

完成了！

第17章 來摺神秘的飛行物體 TFO 吧！

◆ 兩個故事

我有兩個關於這個神祕飛行物體（TFO）的故事。

一個是我為了國際數學教育大會（ICME12），而前往韓國首爾時發生的事。當時由於距離下午的活動時間還有一陣子，我就在筑波大學的攤位上摺TFO來玩，經過的人靠了過來，想學摺法。就這樣，人群陸續聚集，而且摺好TFO的人不斷在旁邊試飛，所以我的附近突然間充滿了不明飛行物體。由色紙減少的量來看，我想在那不到一小時的時間內，有超過三百位來自各國的人士都摺了TFO。

還有一個故事是我在因緣際會下前往墨西哥的日本墨西哥學院，教授「摺紙數學」所發生的事。由於校方希望我也到幼稚園教學，所以我想起了TFO。幼稚園大班的學生，不論是墨西哥人還是日本人，大家都有做出作品飛來飛去，玩得很熱鬧。當時幼童們一張張開心的臉，我到現在都還記得。

◆ TFO 名稱的由來

TFO讓小孩子與在第一線的科學家都玩得非常盡興，而它的原型來自於《摺紙傑作選集》（おりがみ傑作選）以及水野正雄先生的「鯉魚」作品。鯉魚其實是指「鯉魚旗」。用正方形色紙摺鯉魚，鯉魚嘴巴輪廓的接合處很容易散開，因此我想應該有人想在接縫處做一些加工吧，於是創造了TFO。

我希望這個作品不論在學校、公司、家裡，都能夠用一般的紙，例如長方形的影印紙來製作。當時我是用「筑波型飛行物體」的名稱對外發表（《折紙探偵団》，2002年）。然而，這次我將原本使用長方形影印紙做的「筑波型飛行物體」，改用正方形色紙來摺，且改變摺法，重新粉墨登場（**圖1**）。

圖1

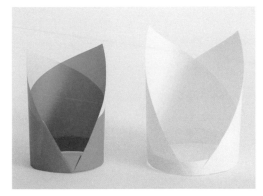

右邊的作品是使用A4尺寸影印紙做的，兩個用紙不同的成品外形幾乎一樣。

順帶一提，這個我在國外稱作TFO的作品，不管是用正方形或長方形紙來摺，都是因為形狀類似兩座山（双耳峰）才得名。當然，神祕的飛行物體一般稱為UFO，而TFO則是因為筑波型飛行物體是指筑波山型（有女體山與男體山兩座山峰，筑波山日文讀音為tsuku ba san，取其第一個字母命名）的飛行物體（**圖2**）。

圖2

從日本筑波神郡看過去的筑波山

◆ 對齊記號再摺

　　建議你使用一邊15cm，一邊約18cm的紙，或是用每邊24cm的色紙，紙不要太厚，以免很難取得平衡。色紙有顏色面摺在內側或外側都可以，請注意這次我們要採用的是不同以往的摺法。

　　首先，在色紙左上側四分之一處做一個小記號。將左上角與右上角對齊，在中央處按壓一下，再將左上角對齊中心點，即可做出一個四分之一的記號（**圖3**）。請小心不要壓實整條摺線，僅在色紙邊緣做一個小記號即可。

　　做出了記號，將色紙上下顛倒置放。同樣在左上側的四分之一處做一個記號。如此一來，相對於色紙的中心，就又多了一個四分之一記號。那麼，我們繼續進行下一個步驟吧！

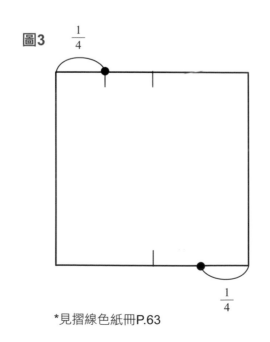

圖3 $\frac{1}{4}$

$\frac{1}{4}$

*見摺線色紙冊P.63

　　在兩個四分之一記號貼合的狀態下，將色紙摺好(圖4A)。這時不是要對齊那條較短的摺線記號，而是要對齊色紙邊緣與摺線記號相互交叉的點(圖4B)。利用這個摺法，會出現有兩個山峰的筑波山形狀，將這個山形的山麓處水平置放(圖4C)。

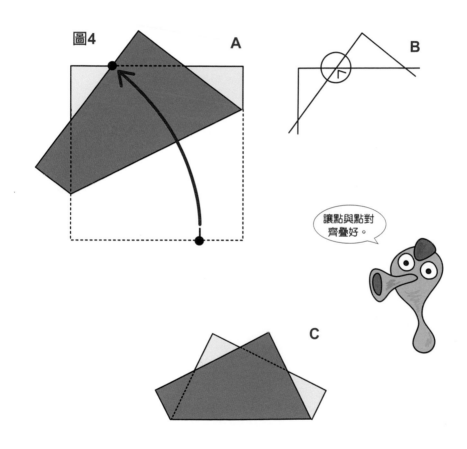

圖4

A

B

C

讓點與點對齊疊好。

接著，我們將山麓處平行向上摺，將兩端的角與山的斜邊貼合再對摺（**圖4D**）。這時做出的摺線將會是後面的標準線，因此不需要一路摺到兩端，摺出短摺線就好，接著再讓山麓恢復原狀（**圖4E**）。

圖4

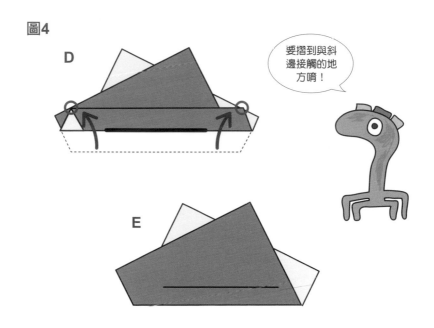

要摺到與斜邊接觸的地方唷！

這樣就準備好了，終於可以進入組裝階段。

◆ 用力壓一壓

將兩座山下方兩端多餘的部分摺入，左側部分夾入兩片色紙之間（下頁**圖5A**），這樣更像一座山了吧！接著，將山麓部分往上摺至圖**4E**的標準線、隔一點距離（大約0.5mm，下頁**圖5B**）。

再以捲東西的感覺，把山麓往上摺。往上捲兩次，讓這個部分看起來像一個長條。

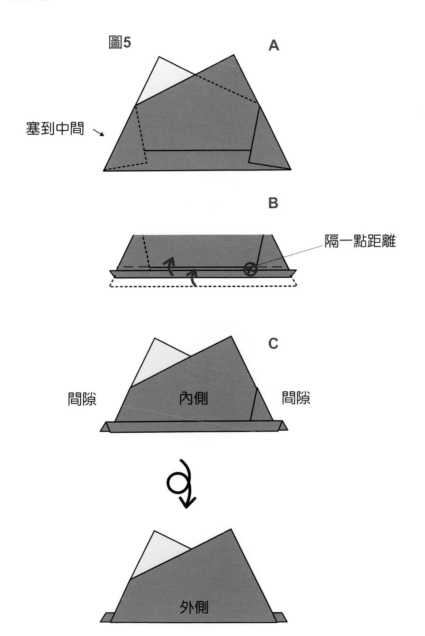

這時色紙的厚度已經增加了，為了更容易摺紙，我們可以把紙稍微拉近自己（圖5C）。

　　接著，將兩手拇指指腹放在變厚的長條中央，其他手指撐住紙背，左右手分別用力壓一壓。雙手一共按壓約十次（圖5D）。這樣一來，變厚的長條就會往內微彎（圖5E）。

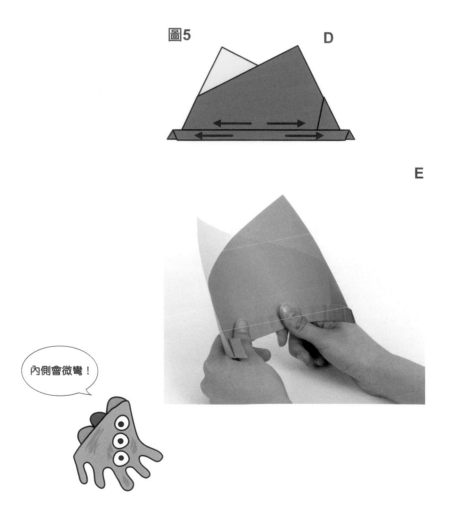

圖5　　　　　　　D

E

內側會微彎！

把微彎的部分直接繞成圓環狀，將兩端看起來像美工刀的部分，插入彼此的內側間隙（**圖5F**），順序無所謂，看哪一邊比較好處理，就先將那一邊的前端插進另一邊的間隙。欲插入的前端必須夾在山斜邊的內側（**圖5G**）。只要左右的山斜邊可以接在一起形成V字形（**圖5H**），TFO就完成了。最後，再將變成圓環的厚長條部分調整一下，從正面看起來像個圓形即可（下頁**圖5I**）。

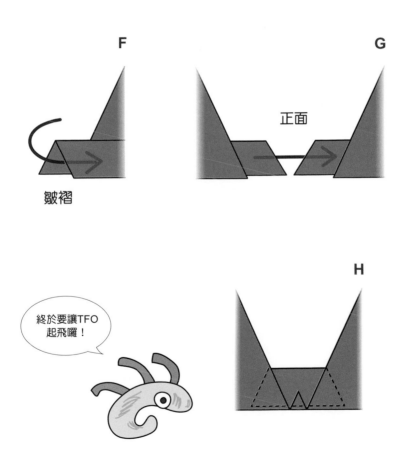

F

皺褶

G

正面

終於要讓TFO起飛囉！

H

圖5 ｜

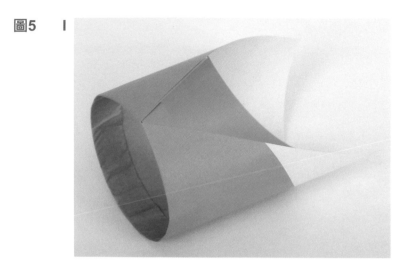

◆ 投球姿勢

玩TFO的時候，將TFO厚圓環的部分朝前，山峰則在後面朝下，將兩根手指放入圓環內側，其他手指則夾住山峰（**圖6**）。

圖6

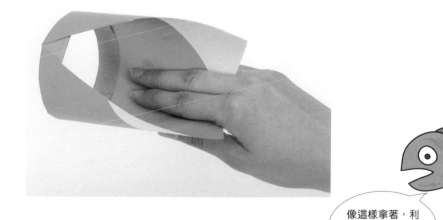

像這樣拿著，利用手腕力量往前方投擲。

起飛方法就是以這樣的姿勢，用類似投球、投石頭的動作，以手腕力量施力、投擲出去。我經常發現有些人手握得太緊，投擲得不夠用力，使TFO一開始就沒有加速，而飛不起來。你可以瞄準比水平線高一點，或低一點的位置，調整飛行的角度。有時用太強勁的力道投擲，會像迴力鏢一樣折返回來呢。

TFO沒有機翼，所以飛行性能不會太好，飛行距離與飛行時間實在比不上其他紙飛機。不過，就請你享受TFO飛行的特別樂趣囉（圖7）！

圖7

國家圖書館出版品預行編目資料

摺紙玩數學：日本摺紙大師的幾何學教育 / 芳賀和夫作；張萍譯. - - 初版. - - 新北市：世茂, 2016.04
面； 公分. - -（科學視界；192）
ISBN 978-986-92837-0-0（平裝）

1.數學教育　2.幾何

310.3　　　　　　　　　　　　　105002983

科學視界 192

摺紙玩數學：日本摺紙大師的幾何學教育

作　　者 / 芳賀和夫
審 訂 者 / 游森棚
譯　　者 / 張萍
主　　編 / 陳文君
責任編輯 / 石文穎
出 版 者 / 世茂出版有限公司
地　　址 / (231)新北市新店區民生路19號5樓
電　　話 / (02)2218-3277
傳　　真 / (02)2218-3239（訂書專線）、(02)2218-7539
劃撥帳號 / 19911841
戶　　名 / 世茂出版有限公司
　　　　　　單次郵購總金額未滿500元（含），請加50元掛號費
世茂官網 / www.coolbooks.com.tw
排版製版 / 辰皓國際出版製作有限公司
印　　刷 / 祥新印刷事業股份有限公司
初版一刷 / 2016年4月
　　六刷 / 2019年9月

I S B N / 978-986-92837-0-0
定　　價 / 580元

來摺半正三角形的三角板吧！

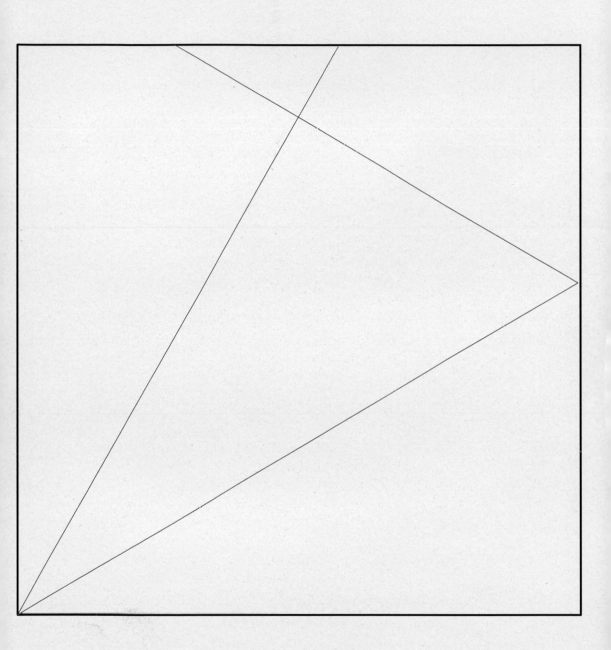

來摺半正方形的三角板吧！

中心封閉的正三角形・第一款

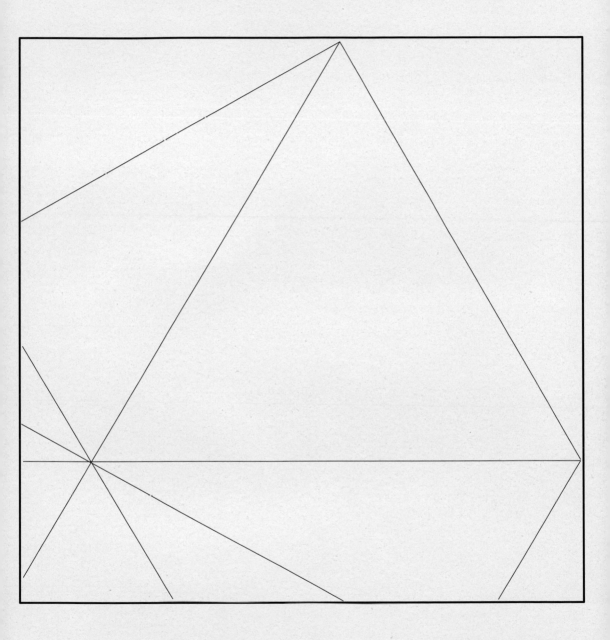

中心封閉的正三角形・第二款

來摺正六角形吧！

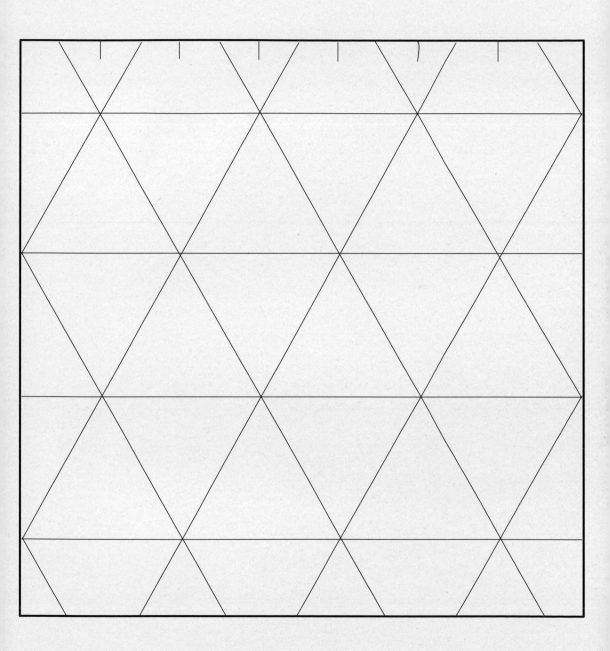

來摺正六角星吧！

來摺紙風車吧！

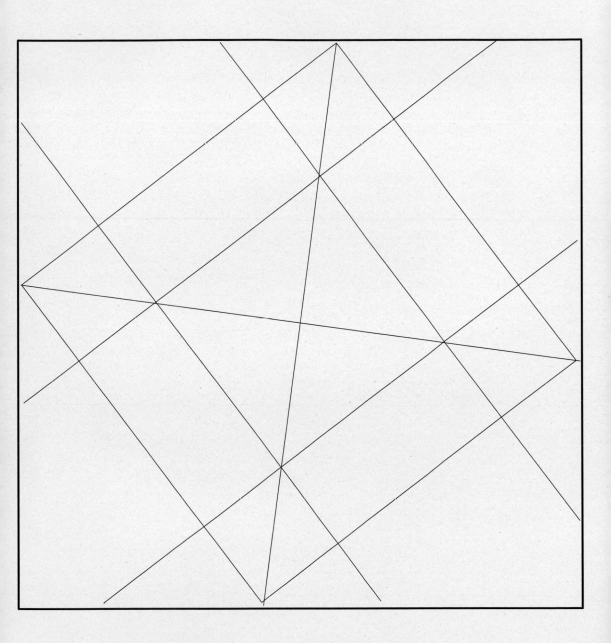

來摺正五角形信紙吧！

來摺五芒星的「五角星」吧！

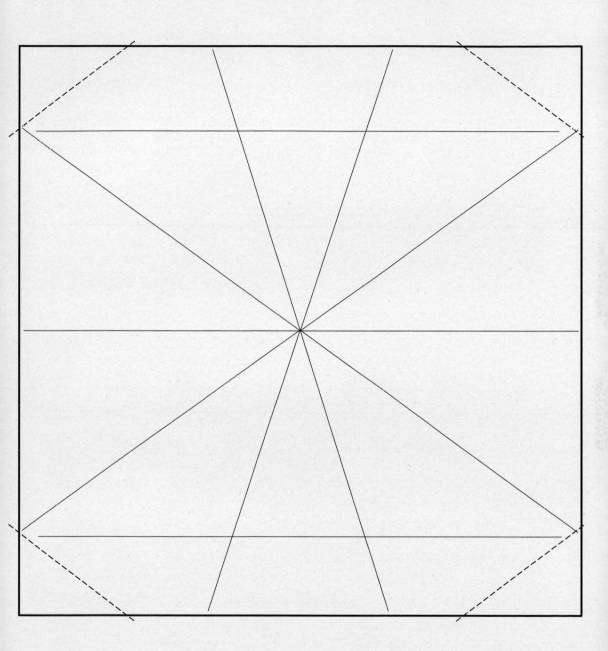

來摺角度精準的五角星吧！

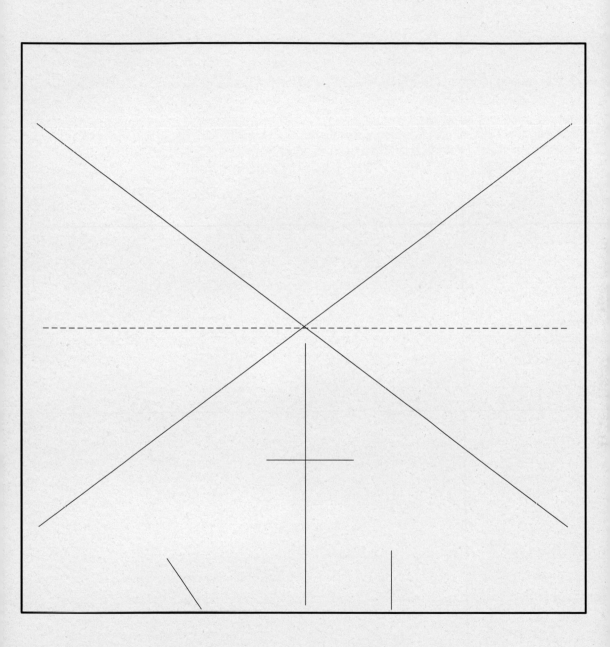

19

來摺正四面體吧！

來摺正八面體吧！

來摺正二十面體吧！

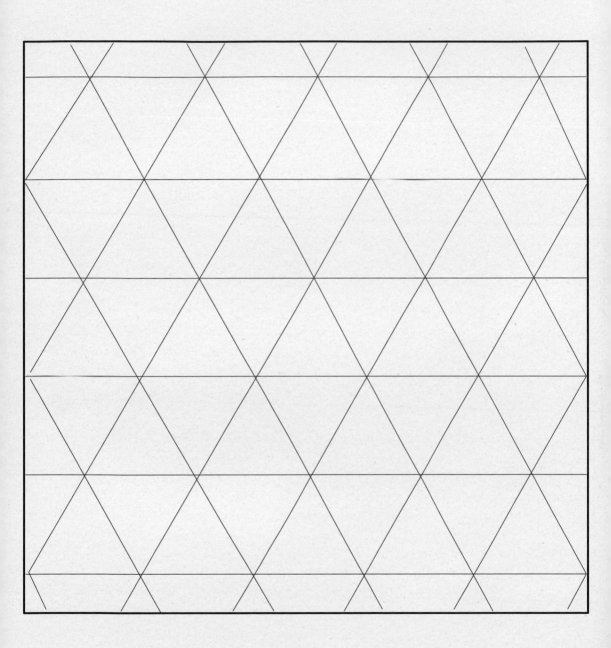

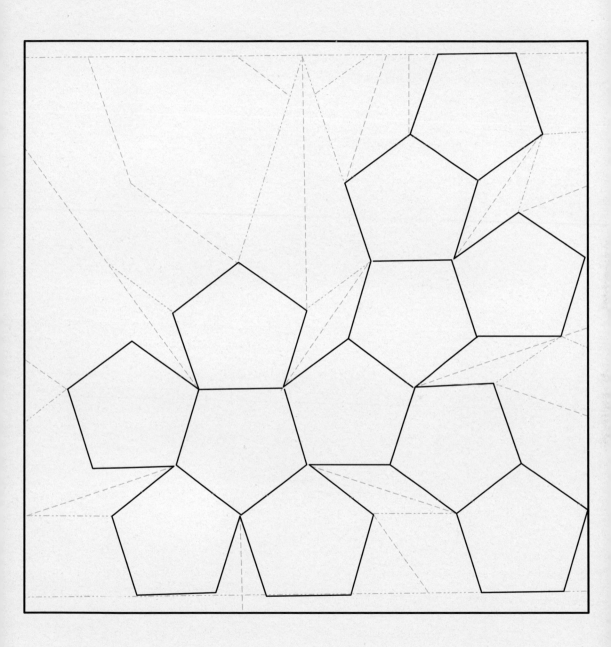

來摺正七角形吧！

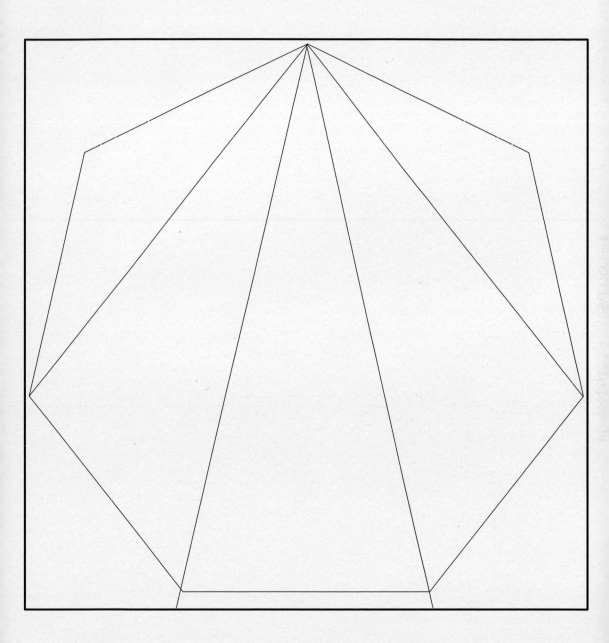

來摺「領帶型正七角形」

來摺彩虹元件吧！

來摺彩虹元件吧！

來摺彩虹元件吧！

來摺彩虹元件吧！

來摺彩虹元件吧！

來摺彩虹元件吧！

來摺正八角形吧！

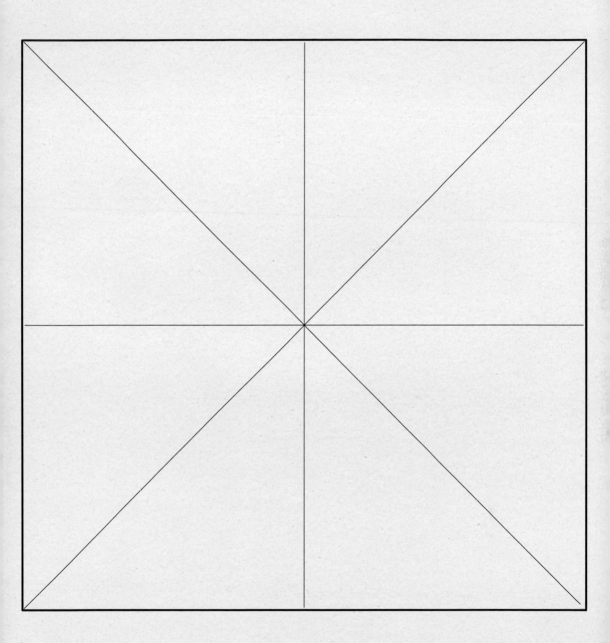

八個邊都由摺線構成的正八角形

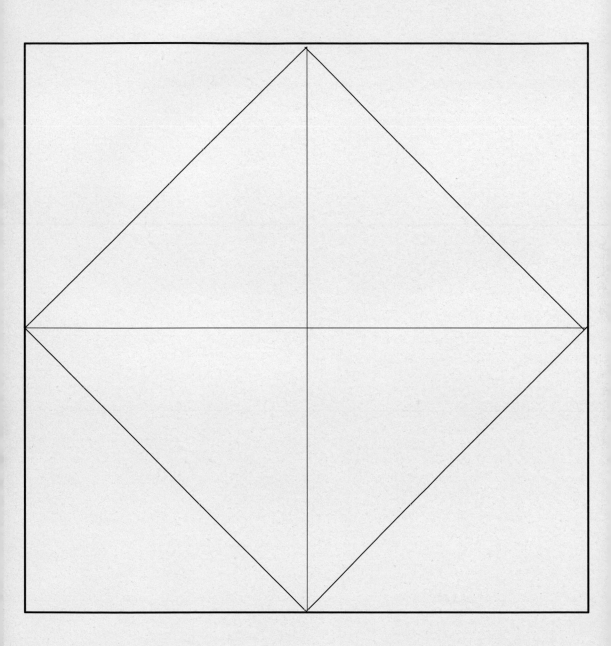

47

利用重疊包裹做出的正八角形作品

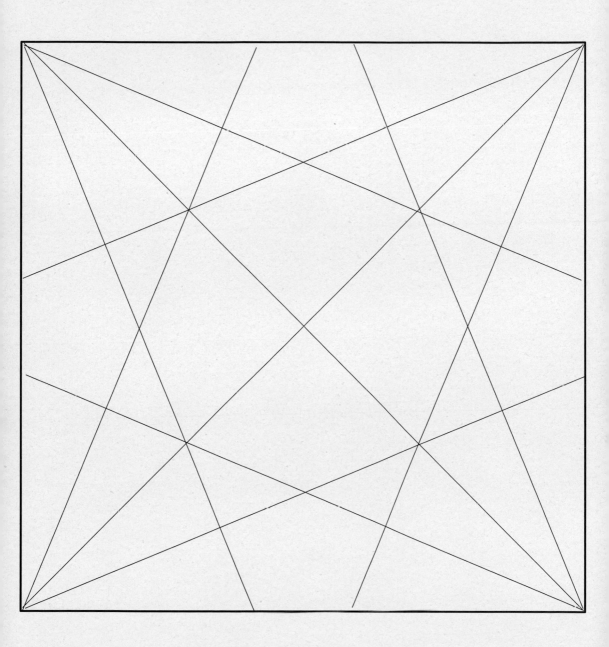

來摺金字塔吧！

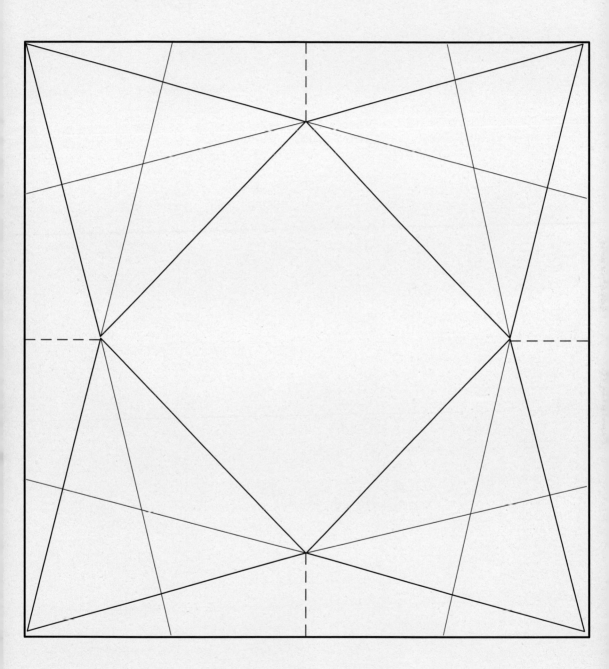

正三角形的金字塔

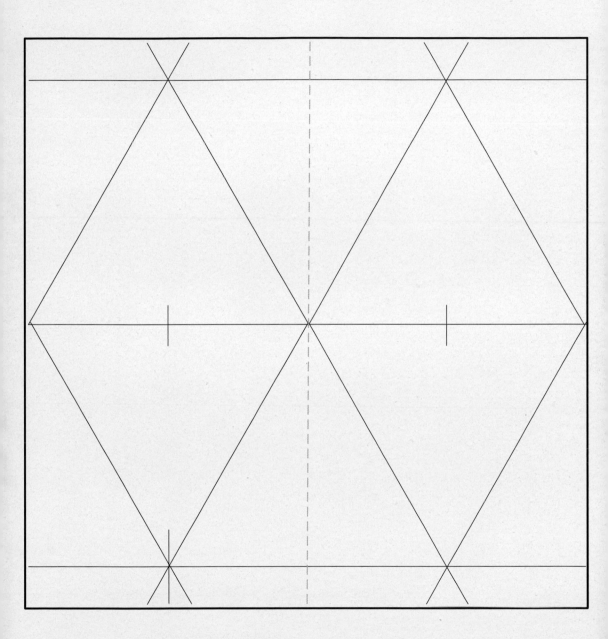

胡夫金字塔

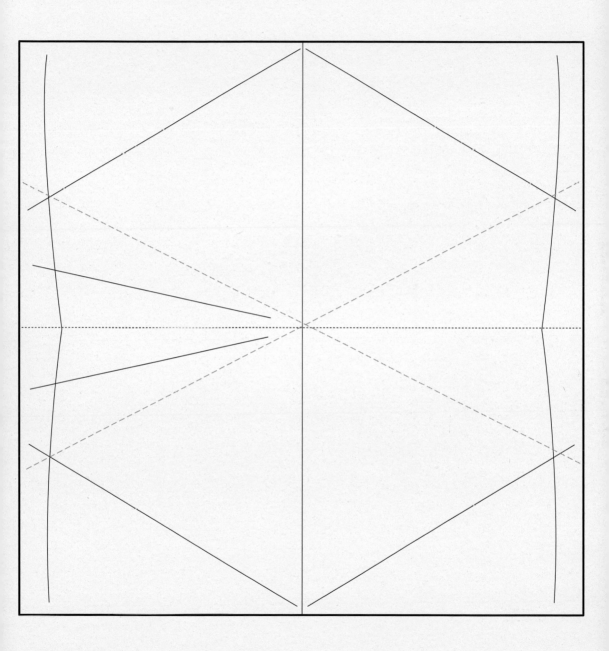

摺一個五面的立方體：無加蓋紙箱！

來摺正六面體吧！

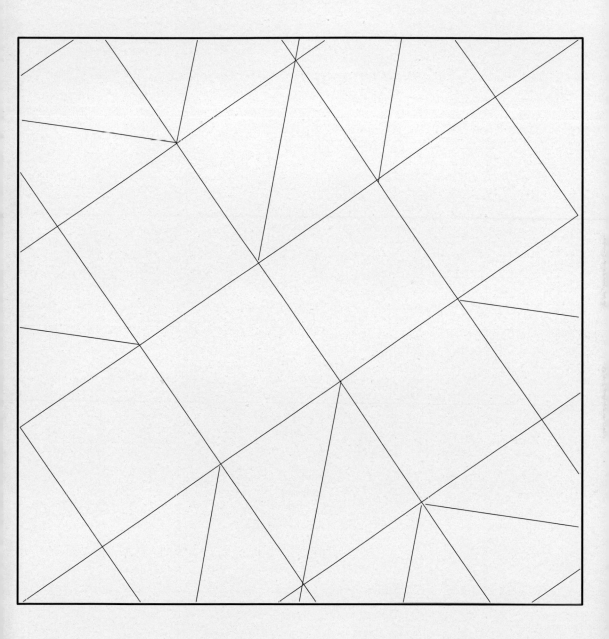

來摺三角面十面體吧！

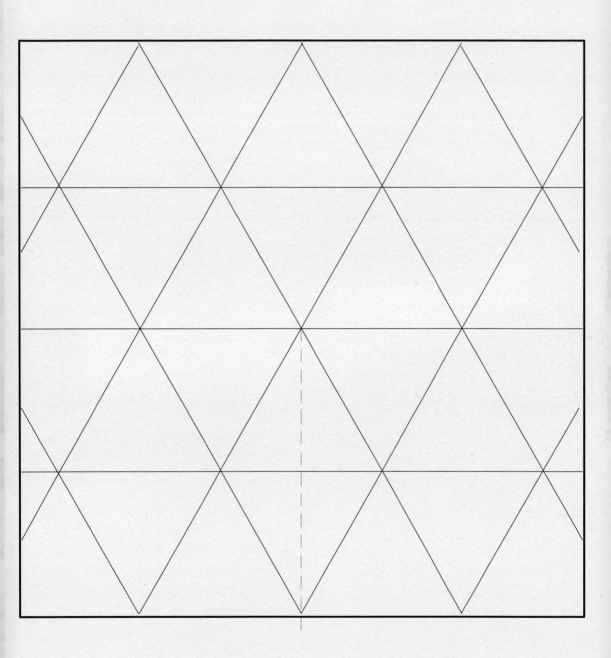

來摺神秘的飛行物體 TFO 吧！

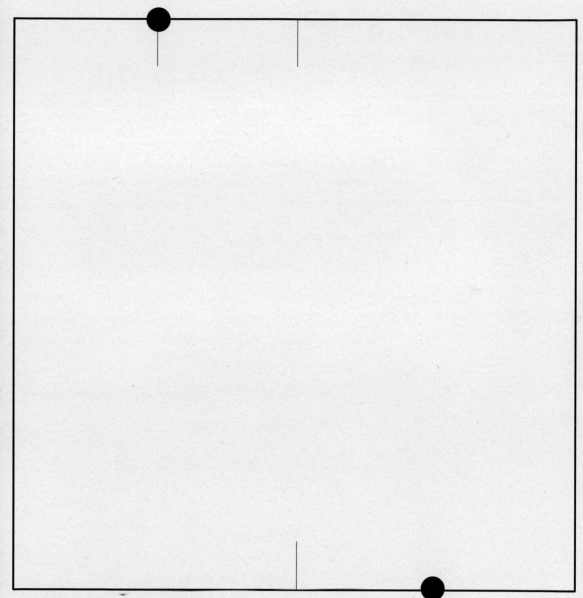